Best Practices
for Livable
House Building

自地自建
美好生活宅關鍵指南

9位日本建築師的造屋經驗法則×
153個舒適好宅須知

CONTENTS

CONTENTS

CONTENTS

PART 1

著手建房前的前置作業！

打造理想住家
首先從瞭解個人喜好開始！

符合個人喜好與需求的住宅，才能營造出真正令人滿意且舒適的居家氛圍。既然都要從零開始建造自家房屋，何不「量身打造屬於自己的美好生活宅」。

不過令人意外的是，大多數的人似乎都不太瞭解自己的喜好。就像同一件衣服，雜誌上的模特兒穿起來再帥氣，穿在自己身上卻不一定合身。如果居家環境不符合個人需求，不論是多麼時尚美麗的裝潢設計也無法令人感到舒服。因此打造夢想家最重要的第一步，就是先瞭解家庭成員的喜好與需求。

在此要注意的是，不要從「蒐集資料」開始著手，例如購買裝潢雜誌、上網搜尋案例、逛樣品屋展示間等……具有行動力當然是件好事，但是要從雜七雜八匯聚的資料中找到喜歡的設計風格其實非常困難。反而容易落入只是將餐廚儲藏室、工作室、貼有美麗磁磚的廚房等人氣方案，或別人的成功案例拼湊起來，成為「拼布般的家」而已。

打造理想住家的道路很漫長，資料稍後再蒐集也無妨，清楚掌握「自己真心喜歡的風格」才是最優先之事。

回想那些曾讓你感到心情愉悅的情境

如何尋找個人喜好的風格或講究之處呢？這裡有一個不錯的方法。首先，不妨回想一下最讓你感到心情愉悅的情境：享受陽光氣息的日光浴、在暖爐前休息的劈啪柴火聲、時尚派對的輕快音樂，透過聲音、味道、觸感等五感讓場景越加豐滿。接著，再回想一下這些場景所在之處：老家的簷廊、靜謐的溫泉旅館、擁有柴爐的餐廳之類，所有令人愉悅的空間都將一一浮現。

像這樣靠自己摸索出來的印象，更容易掌握「真正心有所感的空間」，而不是一昧追求雜誌上「令人嚮往的虛構空間」。盡可能遠離目前的居住地讓身心放鬆，無論是去旅行、到海邊走走、在樹蔭下乘涼、進咖啡店坐坐都好。也可以走訪飯店、古民居及美術館等地方，帶來一些參考的靈感。

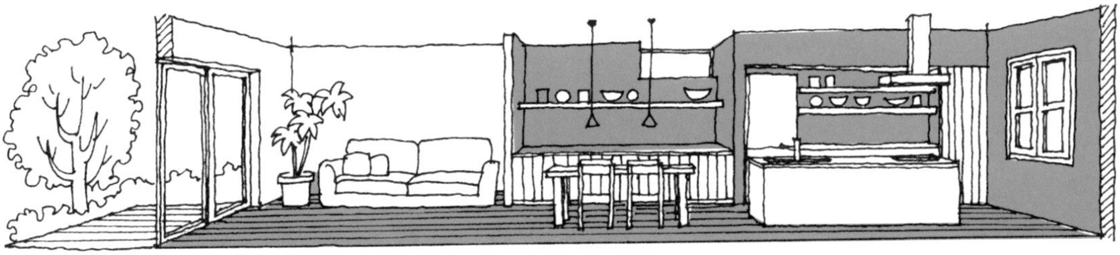

從個人喜愛的生活雜貨汲取靈感

至於偏愛的室內裝潢及家飾陳設，或許還比較容易確定。喜歡樸實手捏陶器茶具的人，跟喜歡歐式優雅茶具的人，兩者理想中的餐廳一定大相逕庭。換句話說，可以從家具、生活雜貨及餐具的選擇，反映出一個人喜歡的裝潢材質或設計風格。

「想在這樣的天然原木餐桌上用餐」、「想要擺放一座這種古典風格的樹櫃」，先找到想要的家具，再著手思考裝潢方案也是一種方式。當然不需要先買家具，只要有照片參考即可。此外，還有一件令人意外的關鍵物品——就是壁掛時鐘。要挑選什麼樣式的時鐘？掛在哪裡？思索這些問題的同時，牆面大小及完成後的模樣也會越來越清晰。

親自觸摸裝潢材質是最直接的方式，不只是短暫摸摸展示間的裝潢材質而已，建議向廠商索取中意的樣品，並且擺在身旁，體驗它為生活帶來的感受。

向他人訴說心中的理想屋藍圖

接著可嘗試藉由語言或照片，表達構想中的空間藍圖、想要採用的素材質感等，告訴另一半、家人們或設計師，個人追求的風格與在意的需求。

這也是創作者在生產第一線常用的方式。透過語言，彙整模糊的想法，讓構想具體化，如此一來，掌握中的藍圖也會越來越清晰。不必在意語句前後的邏輯關係，或是否有矛盾之處，直接將心中當下的構想表達出來，才是重要的訣竅。

雜誌及網路的作用總算在此時登場，如果在室內設計雜誌上看到喜歡的設計，不妨將頁面剪下。與其在好幾本雜誌貼上便利貼，將雜誌拆開剪下，製作成一本『我的最愛』特輯才是最有效率的作法。在網路上只要看到喜歡的圖片，也可存檔留下，圖片題材不需侷限於住宅，無論是街角景觀、小物，或時尚流行皆可，藉由蒐集個人感興趣的影像，可讓模糊的構思變得清晰可視。

以家人的未來為劇本構築即將興建的住宅吧！

前置作業至此就差不多接近尾聲了。接下來，不妨挑戰一下撰寫「劇本」吧！不是以幾房幾廳或幾坪客廳的「格局」為主軸，而是以「家人的未來藍圖」為劇本的生活劇場。昂貴或寬敞的房子不一定等於「舒心宅」，建造美好生活宅最重要的一點，就是身為主角的家庭成員們，將來要如何詮釋並實現屬於自己的這齣戲。

要領就是用「自己的話」來寫劇本，例如「明亮」、「寬敞」這類常見字眼就過於籠統。此外，劇本同樣不需要所謂的起承轉合。像是「在溫暖的簷廊午睡」、「利用在廚房作家事的空檔，喝著咖啡玩賞廚房香草園」之類，只要將腦中浮現的情景一一連接起來就可以了。

將這樣帶有故事場景的劇本轉化為設計圖，夢想便會成真。而且，這份劇本直到新居落成之前，都會是最實用的「祕笈」，當你為設計方案傷腦筋時，只要再翻閱一遍，便能神奇地找到想要的答案！

PART 2

首先從挑選用地開始。房子要蓋在什麼地方呢？

條件不佳的用地 只要精心規劃也能舒適宜人

在普遍認為「先天條件差」的用地之中，也有只要精心規劃就能變得舒適宜人的類型。

以坐南朝北面向道路的用地為例，窗戶朝北其實有許多優點。光線明亮不刺眼，室內向光而不背光，室外建築物都是陽光照射的那

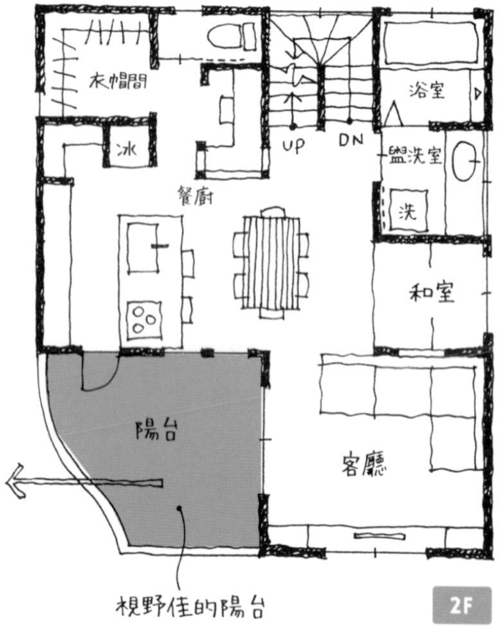

讓旗桿形用地 豐富你的居家生活

在通往公共道路的旗桿形空間鋪上枕木，沿路種植一些植物，為生活增添樂趣吧！也可以充分利用成為小朋友玩耍的空間。屬於二樓公共空間的露台，也設計成朝向視野佳的旗桿形區域。

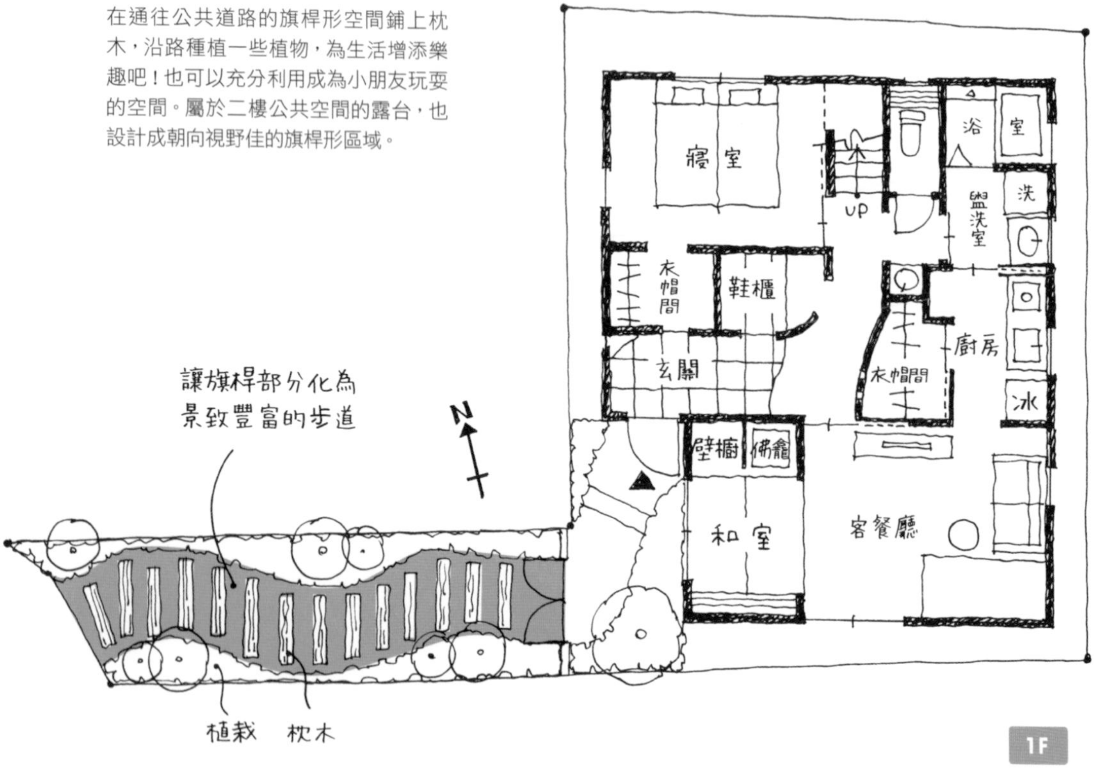

一面面對自己，以及樹木植栽的花朵都會朝向自家綻放。只要在窗戶種類或配置上多一分講究，便可以打造出舒適明亮的住家。

城市中常見的狹小用地，或「鰻魚棲息地」般的細長用地，同樣也能透過精心規劃克服先天條件不良的問題。若用地狹小，可在建築物的對角線上設置開口，讓室內產生距離感，使空間看起來更寬敞。若用地呈南北細長形，可保留整個長度不將其分割，確保寬敞的居住空間。

旗桿形用地也是比較容易入手的物件之一，不妨將缺點轉化為優點，讓道路至門口的區域化身為景致豐富的步道；或是小朋友安心玩耍的室外空間，或是綠意盎然的花園，成為讓他人一眼就認出的自家特色，引領大家走進這個充滿趣味的門庭空間。

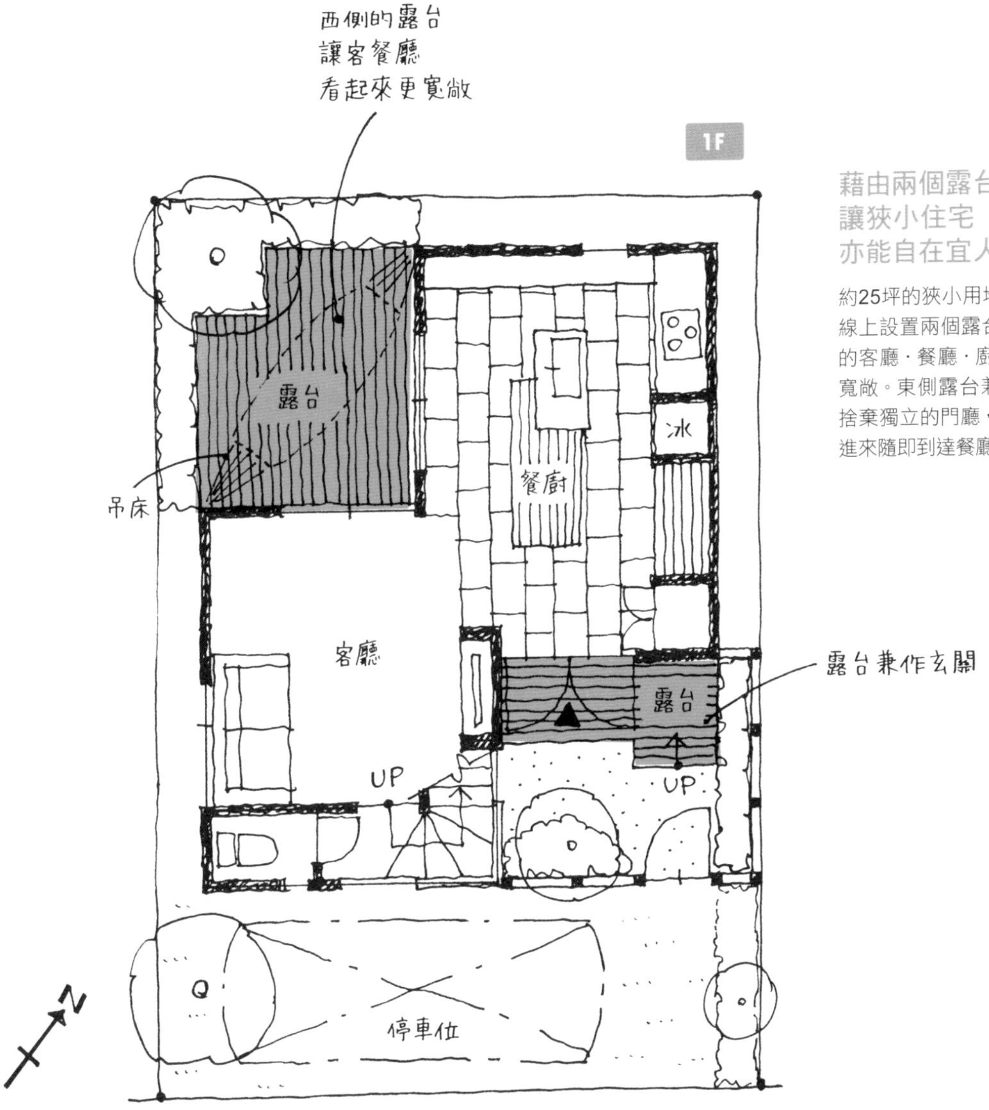

藉由兩個露台讓狹小住宅亦能自在宜人

約25坪的狹小用地。在對角線上設置兩個露台，讓一樓的客廳．餐廳．廚房感覺更寬敞。東側露台兼作玄關，捨棄獨立的門廳，從露台走進來隨即到達餐廳。

要買到條件佳的住宅用地必須熟知「行情」

假設座北朝南的住宅用地價格為100，座南朝北的用地大概會落在90，旗桿形用地則為70，亦即條件越差，價格越低。換句話說，大家都想要的搶手住宅用地價格也越高，土地的價格與其他商品相同，取決於「供需平衡」。

如果可以用較低的價格買到住宅用地，建物就可以有更多的預算。只要設計方案規劃得宜，同樣能夠擁有舒適宜人的居家環境，因此無須在意房地產的價值，不妨鼓起勇氣買下便宜的土地吧！

然而在挑選土地時，能果斷決定的人可說少之又少，而「市場行情的敏銳度」正是致勝關鍵。為了保持對市場行情的敏銳度，就得多看多比較。價格便宜條件又好的住宅用地，不馬上作出決定恐怕買不到，倘若熟知「行情」便能當機立斷。若是可行，建議盡可能詢價100筆以上的土地資料，並實地走訪比較。

還有一點很重要，土地買賣十分倚重與仲介業者之間的信賴關係。就算對方人不錯，但是對其仲介能力產生懷疑時，請乾脆地委託另一位業務員。

有些條件惡劣的土地仍然需要避開

在便宜的土地當中，還是有所謂「便宜沒好貨」的類型，也就是之後花費的建築成本會高過地價省去的差額。比方說，使用擋土牆補強的高低差用地。老舊的擋土牆就算看似堅固，但是只要沒有結構計算書，就會被視為危險建物，進而增加建築物的基礎工程及擋土牆修復的成本。另一種則是地質條件先天不良的土地，有時候光地盤改良費就要超過100萬日幣。購買前不妨先向土地所屬的政府機關申請調閱地盤圖，或委託進行地盤勘查（約6萬日幣）較有保障。向鄰居打聽下雨天地上會不會冒出水？土石是否會崩塌？之類的訊息也滿有用的。

地底如果有障礙物（防空洞、水井及古老房屋的地基等），也得花費一筆額外的處理費用。可以事先向仲介公司洽詢確認，遇到這種情形時是否會出面處理。一般而言「沒有特殊理由是不會打折的」，這個道理並不侷限於土地，所有買賣皆是如此。若找到比市價還便宜的建築用地，務必追究箇中原因。

PART 3

想要打造什麼樣的住宅？思考一下必要的居家空間吧！

用餐空間

讓一家人圍著餐桌團聚的用餐空間更富魅力！成為家人自然而然聚集於此，用餐後也捨不得離開的場所。

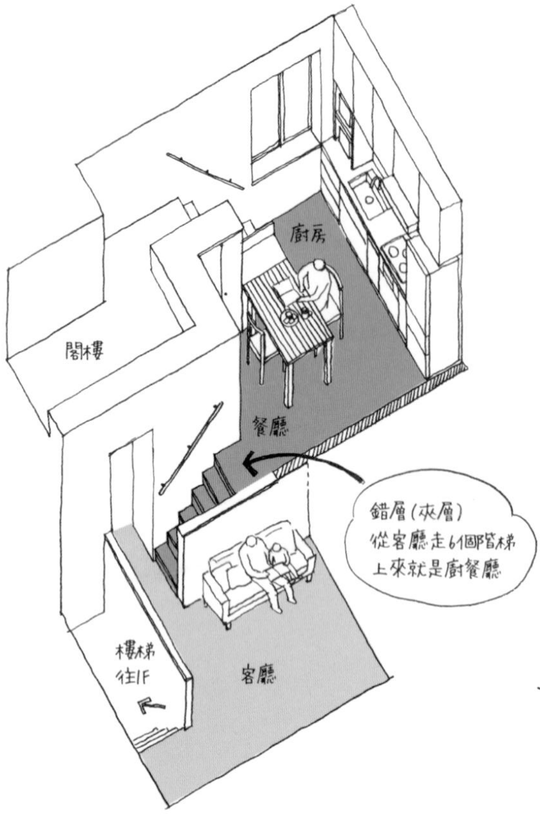

採用錯層設計
藉由高低差劃分客廳與餐廳

運用錯層的高低差連結兩個空間。這間住宅從客廳走6個階梯上來就是餐廳，不使用牆面隔開的設計，給人寬敞舒適的感覺。營造空間一體感的同時，也讓客廳與餐廳各自獨立。

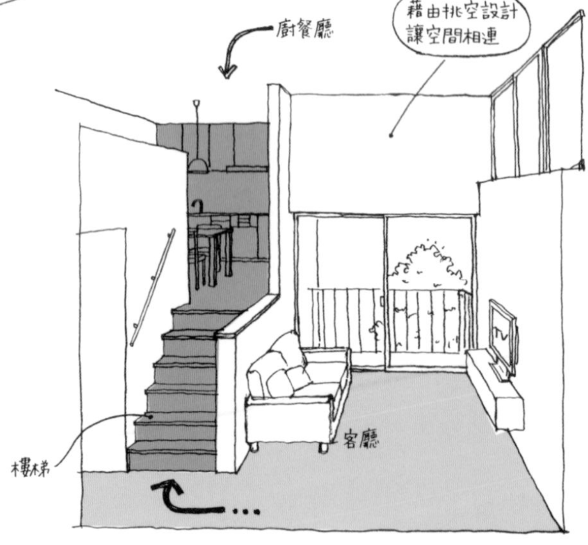

餐廳與客廳不直接相連 利用過渡地帶營造輕鬆舒暢的空間

像小套房般，將客廳・餐廳・廚房集中在同一樓層的開放式設計，可以讓家人感受到掌握彼此作息的一體感，因此在擁有小朋友的家庭間很有人氣。不僅可節省牆壁或房間門等隔間費用，無需走道也能更有效利用有限的空間。另一方面，一覽無遺的空間有時候也會讓人難以放鬆，迴盪在整個空間的電視機聲音，也可能令人無法靜下心來。

想要讓待在餐廳用餐的家人，以及在客廳休息的家人都感到自在，可以利用間接區隔客廳與餐廳的方式。例如藉由全家人共用的小型電腦工作區隔開客廳與餐廳，或是將客廳與餐廳安置在對角線上，讓空間呈現L形。

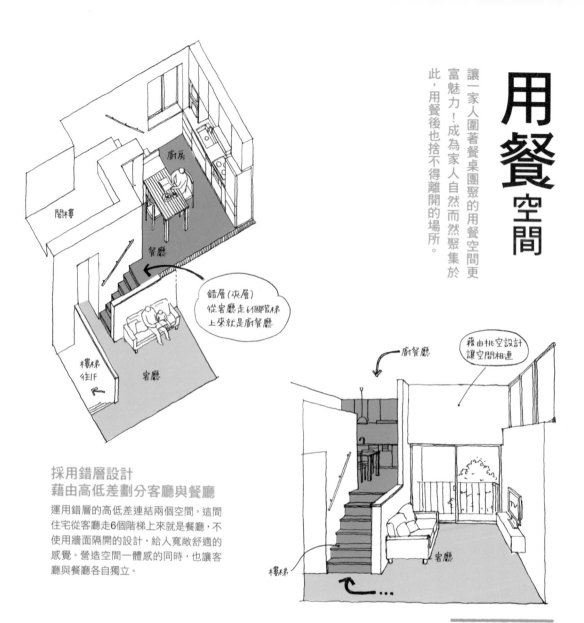

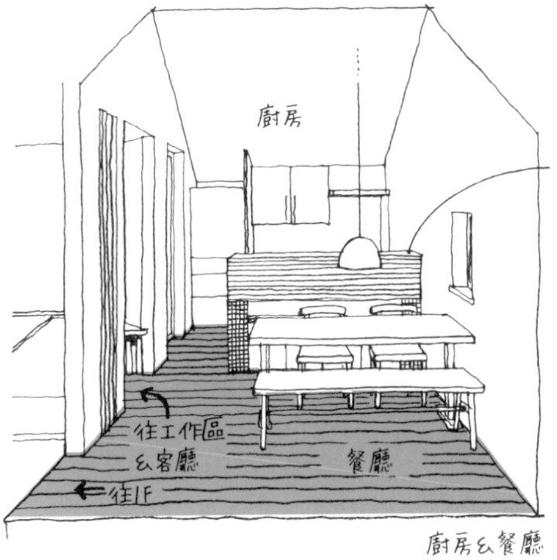

廚房＆餐廳

設置工作區
作為過渡地帶
讓家人擁有各自空間

將餐廳與客廳安排在二樓兩側，並且不以牆壁或房門作出密閉式的隔間，而是將擺放書桌的工作區安排在兩者之間。藉由這種方式讓夫妻感受到彼此的存在，又可以保有舒適的距離感。

這樣的格局不但能讓家人感受到彼此的存在，雙方又能保有舒適的距離。客廳也看不到雜亂的廚房，適合訪客多的家庭。

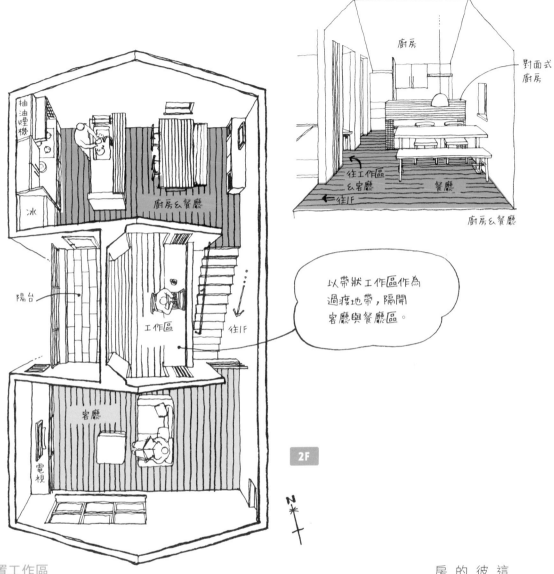

在寬敞的露台或屋頂「野餐」是人生最奢侈的享受

設置寬敞的露台或陽台，便能善用「第二張餐桌」在室外野餐，為每天的用餐時間增添樂趣。只不過若是位於住宅密集地，還是得留意行人及附近住戶的目光，也要顧慮到鄰居的感受。以高牆將露台或陽台圍起來是滿有效的方法，如果選用通風功能良好的百葉，或半透明的聚碳酸酯等材質，既能有效保護隱私又不會帶來封閉感。

或是將屋頂稍加規劃，在一望無際的晴空下享用餐點，多麼愜意！若是屋頂比周邊的住家高，就算三面環繞著其他住戶也可以無須顧慮油煙，盡情烤肉。

預定離開廚房到室外野餐的情況，不妨將自來水引至室外，設置一個小水槽。需要更換玻璃杯或小碟子時，就可以直接在水槽清洗，快速又方便。

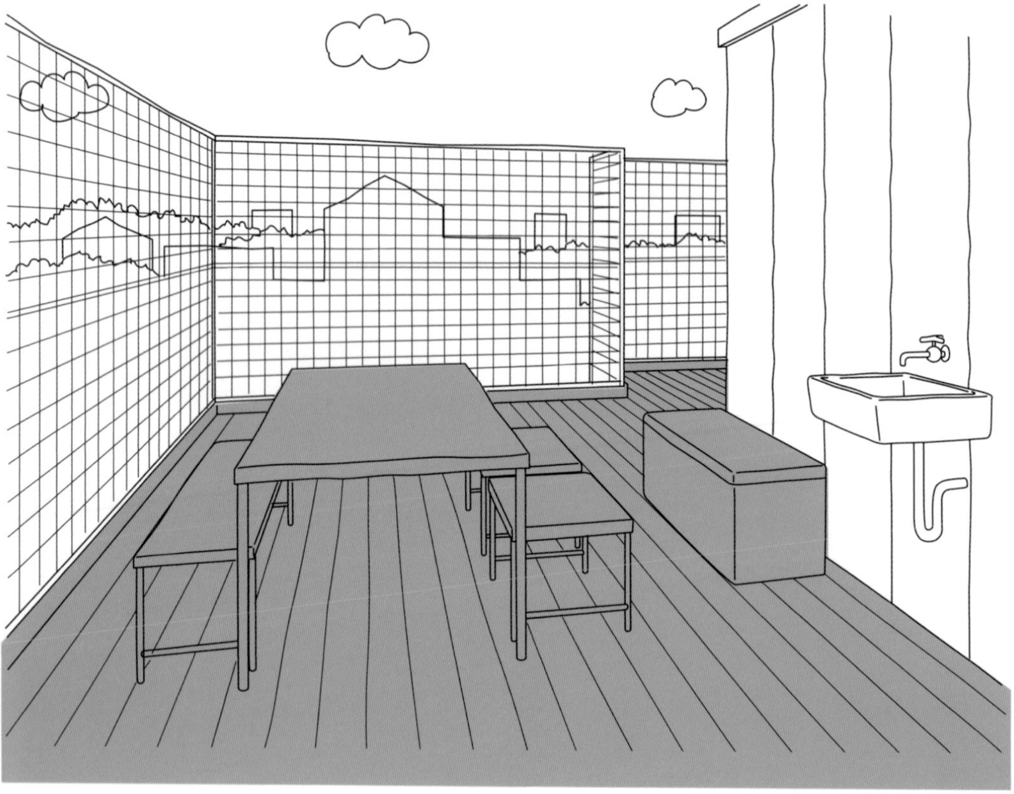

在屋頂設置水槽 游泳或烤肉都更方便

此為三面都環繞著鄰舍的住宅，經由2樓陽台的室外樓梯即可通往屋頂。在屋頂設置水龍頭，一到夏天，就能與小朋友在此盡情享受充氣泳池戲水或烤肉的樂趣。

露台緊鄰廚房
方便上菜或收拾清潔

由廚房的落地窗就能直接進出的露台，特地規劃得寬敞些，讓戶外用餐更添樂趣。雖然左右兩側被牆圍起，但正前方卻是面對中庭，開放感十足。廚房就在旁邊，收拾起來很方便。

美景當前 即使囿於窗戶 仍然足夠營造出 豐富身心的用餐空間

以窗框為界
戶外的綠意與
藍色牆壁相互輝映

白色窗框外，一片綠意盎然，綠意與藍色牆壁相互輝映，讓餐廳顯得清新雅致。站在廚房就能望向窗外美景，作起家事也輕鬆愉快。

相較於客廳，最近反而流行讓餐廳成為大家聚集休憩的地方，小朋友會在餐廳寫作業，親朋好友在這裡喝茶。為了讓餐廳成為更加療癒身心之處，不妨在此開一扇眺望窗，將庭院樹木的綠意引進視線內。

即使家裡沒有院子，只要住家鄰近公園，或鄰居院子裡有茂盛大樹，就可以將餐廳規劃在觀賞得到風景的位置，並且裝設窗戶，讓景色盡收眼底。也有人為了讓家裡顯得更加明亮寬敞，特意裝設許多大型窗戶，卻因景色不如預期而拉上窗簾，這麼作反而本末倒置。大量設置沒有意義的窗戶，既花錢又沒地方擺家具。決定好「就是這裡」，將窗戶設置在對的位置，為生活增添一點情趣吧！

COLUMN

動線規劃

以生活習慣為基準來規劃動線

「動線規劃」即是符合生活需求的空間配置（zoning）與空間連結的設計，規劃時則是以生活習慣為依據。

回想一下家人的日常生活起居，一邊思考怎麼安排動線才會比較流暢吧！若是每天早上必須在準備早餐的同時叫家人起床，對家長而言，廚房和臥室離得太遠就是一種負擔。廚房與臥室直接連結在一起比較困難，就盡量讓兩個空間接近一些。

為了減輕家事負擔，不妨回想一下習慣同時進行的家事有哪些，縮短動線會大幅提升作業效率。在廚房工作的同時如果也想洗衣服，可將廚房與盥洗室直接連結，甚至還可以將晾衣場也一起規劃進來，像這樣配合作家事的習慣來設計吧！因應生活需求規劃的各種動線之間，常會有矛盾的情形發生，記得要先確認以哪一條動線為優先。

休憩空間

有時候也想獨自沉浸於個人的興趣愛好，
但又能同時感受到彼此的存在。
最理想的狀態是家人之間保有剛剛好的距離，
讓任何人都能感到自在愜意。

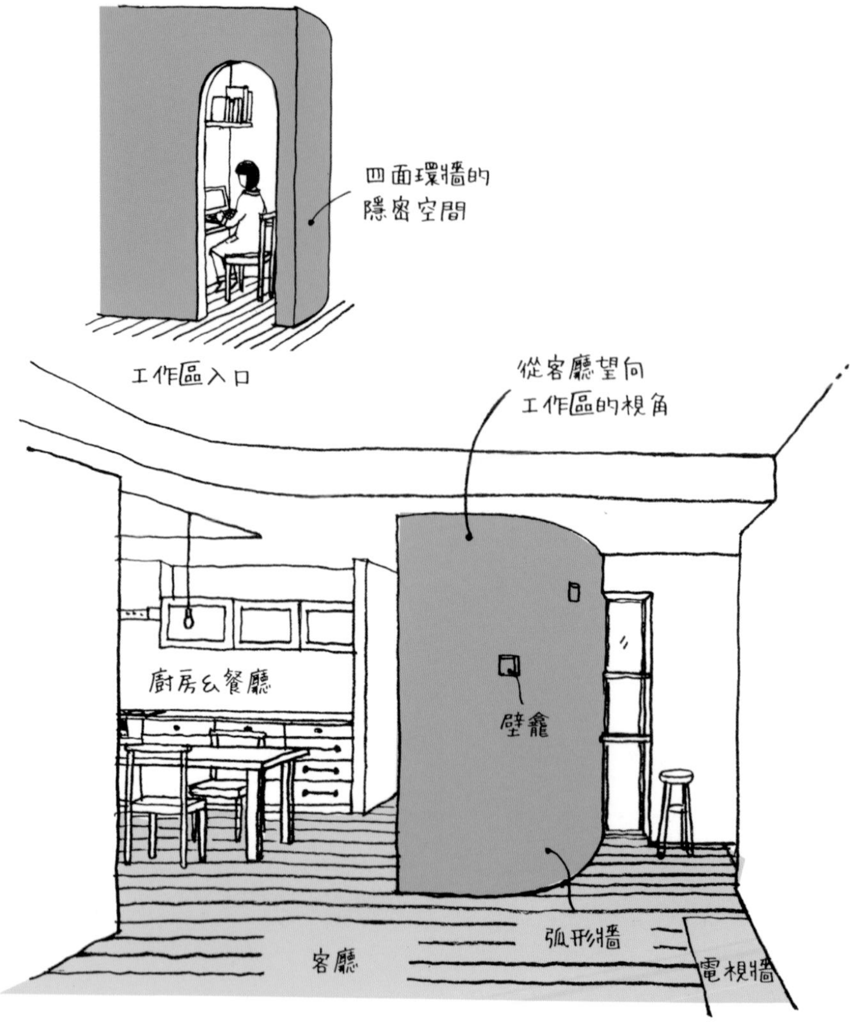

即使各作各的 亦不減凝聚力的客餐廳

全家每天都只能待在同一個空間的生活，恐怕會瀰漫著令人窒息的緊張感。爸爸在沙發看電視、媽媽在餐桌看書，小朋友在地板上玩遊戲……乍看之下各作各的事，但是又有一股自然而然的凝聚力，這不就是理想中的客餐廳嗎？

因此規劃開放式客餐廳時，要留意這「若有若無的距離感」，讓家人都能感到自在是非常重要的。可以藉由讓客廳與餐廳稍微錯開的配置、L型的連結方式，或者在兩者之間設置錯層，與其讓客餐廳的格局方正，不如讓空間若隱若現，如此一來，家庭成員會更容易找到屬於自己的空間。

間接將用餐&休閒空間隔開

餐廳與客廳屬於相連的空間，規劃時可將位置稍微錯開。在兩個空間之間增設 R 形牆工作區，讓每個空間保有適度的獨立性。

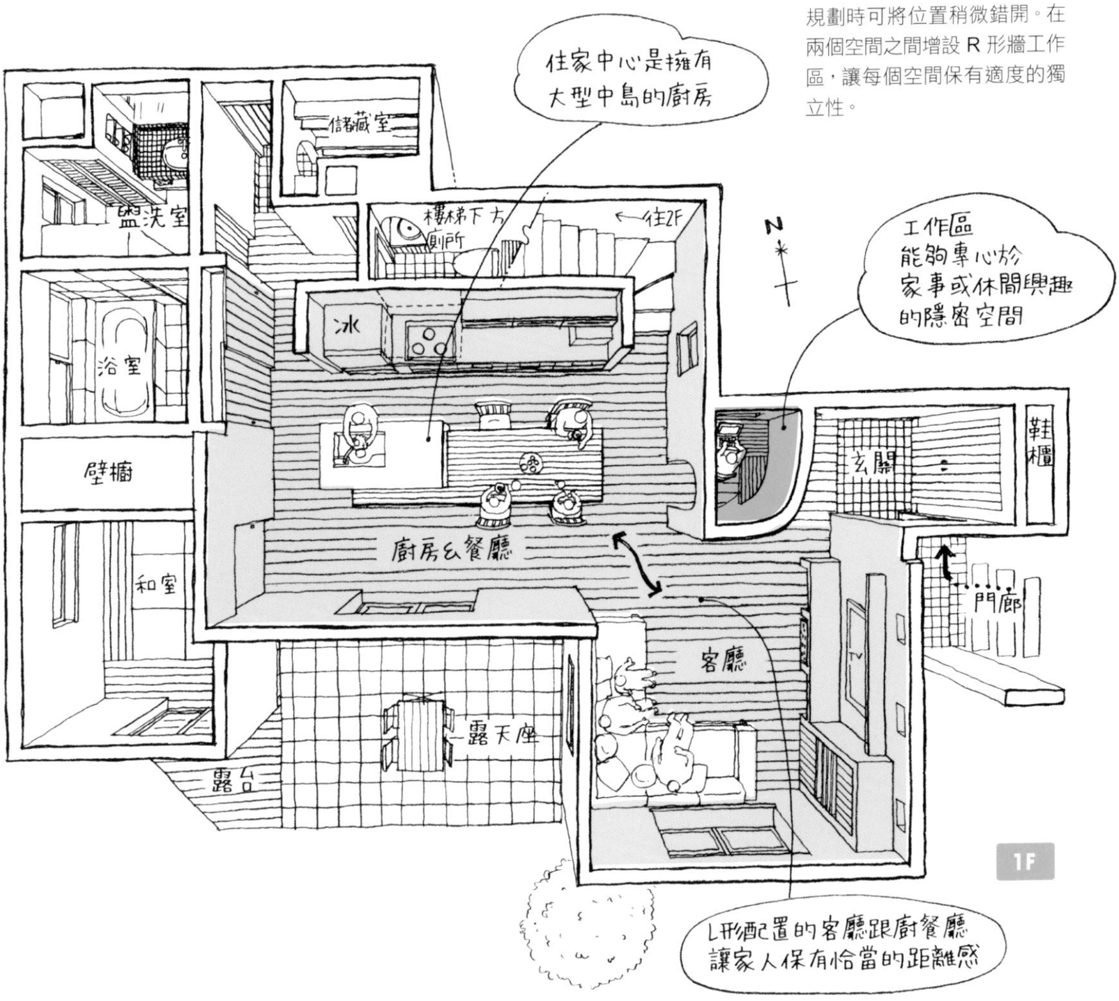

從家庭成員最放鬆的舒心空間開始著手

想要打造出讓一家人充分交流互動的住家，祕訣就是清楚知道「家人們作什麼事情最開心，以及最重視的為何。」也就是，先釐清自己家庭生活的「核心」是什麼。

構思設計方案時，就將這個「核心」空間打造成最令人放鬆的場所吧！如果坪數或預算有限，可以縮減其他空間的坪數或花費，但核心空間方面則是絕不妥協。喜歡與親朋好友聚餐，可以在廚房設置大型吧台；重視家人團聚，可以將客廳設計得舒適寬敞。如此一來，這個舒適宜人的空間自然而然會吸引人們，聚集於此。

與露台相連的客廳成為家人的核心空間

挑高空間加上與木地板露台相連的設計，打造出充滿開放感的客廳，同時也是全家人最喜愛的場所。為了提升室內與露台的一體感，窗邊地板特地架高一階，也可以作為長凳使用。雙親坐在長凳上，自然就會與在露台玩耍的小朋友互動。

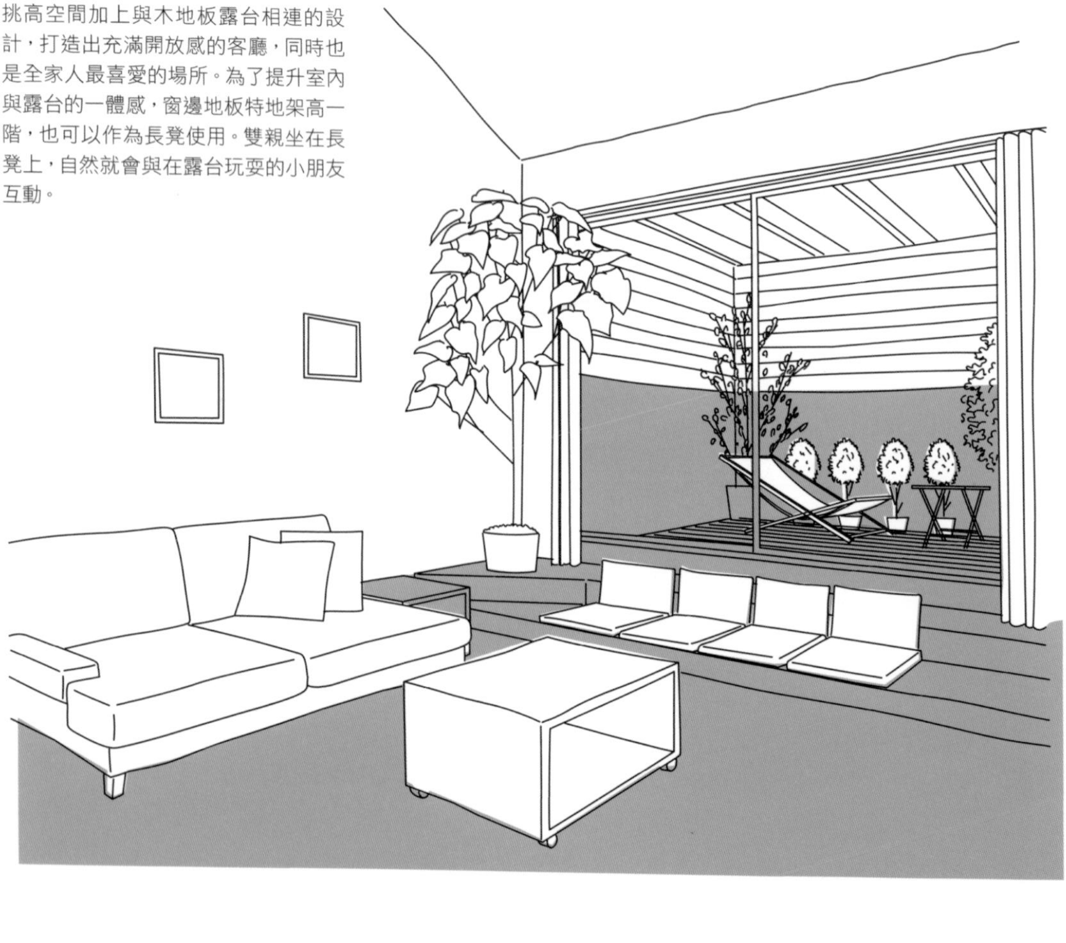

客廳的樓梯反而促進了家人間的交流

穿過客·餐·廚才能回到二樓的兒童房

洋溢律動感的挑高設計，加上通透感十足的鋼構樓梯，讓整個空間顯得開放寬敞。當初的設計，就是要回到二樓的個人臥室，必須穿過這個樓梯。開放式的客·餐·廚整體空間也顯得落落大方。

有孩子的家庭，更是需要留意客廳·餐廳·廚房與兒童房的位置。「希望可以避免，孩子一到家就不知不覺回到自己房間的情況！」若有這方面的考量，不妨在客廳設置樓梯，藉此通往樓上的兒童房，這是一個滿有效的方法。孩子的動線一旦經過公共空間，親子間的對話自然而然就會增加。

推薦的另一種方案，是讓孩子經過廚餐廳再通往二樓。孩子回家的時間帶，剛好可以跟在廚房忙碌的媽媽打聲招呼。如果讓孩子養成回家後就在餐桌吃點心，或作功課的習慣，更能增進親子間的情感交流。

藉由挑空設計連結上下樓層 讓家人感受到彼此的存在

如果公領域的客餐廚與臥房規劃在不同樓層，不妨將某一區打通為挑空設計，讓空間以立體的方式連結。這樣就可以聽見家人進出玄關的聲音，這也是一種很有效的無形交流。

例如在面對挑空客廳或餐廳的夾層設置兒童房，並且在牆上加裝室內窗。兒童房內不僅聽得到從客餐廳傳來的聲音，也可以從窗戶探頭與家人對話，分處上下樓層仍然可以輕鬆互動。想沉浸於個人興趣或專心念書時，亦可將窗戶關起來。如果沒有餘裕安放挑空設計，也可以在客餐廳設置樓梯，作為替代方案。

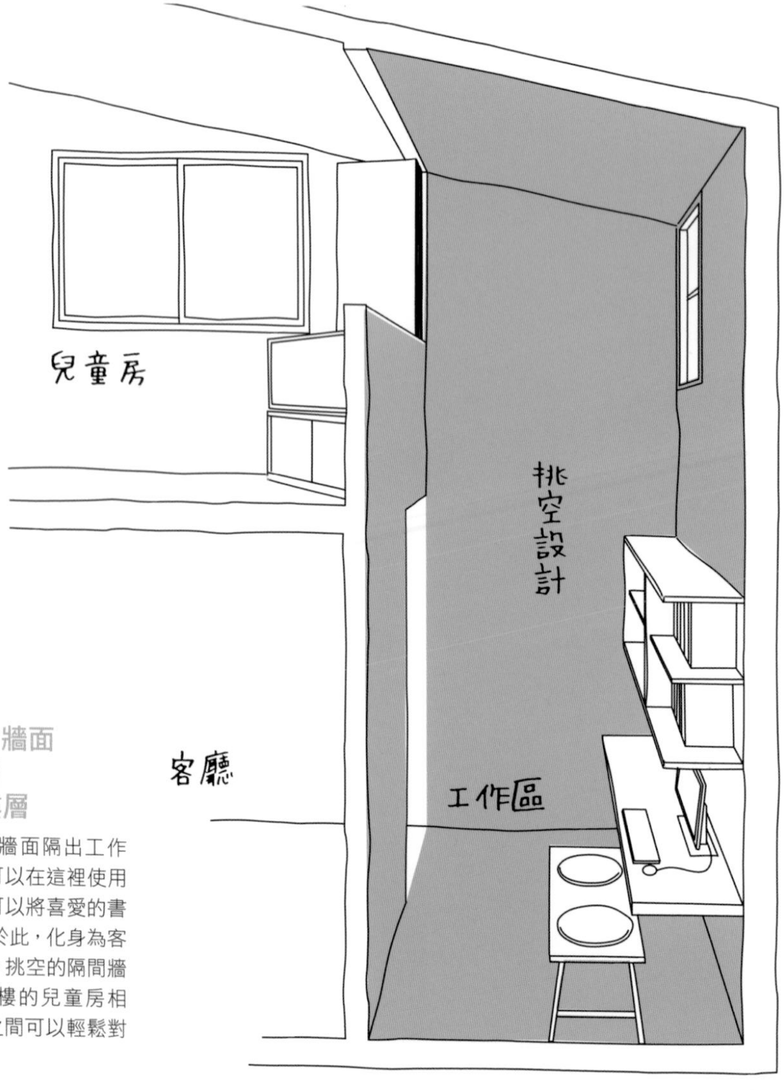

藉由挑空的牆面 加裝室內窗 連結上下樓層

在客廳一角以牆面隔出工作區，家庭成員可以在這裡使用電腦，屋主也可以將喜愛的書籍或資料收藏於此，化身為客廳的收納空間。挑空的隔間牆&室內窗與二樓的兒童房相通，上下樓層之間可以輕鬆對談，增進互動。

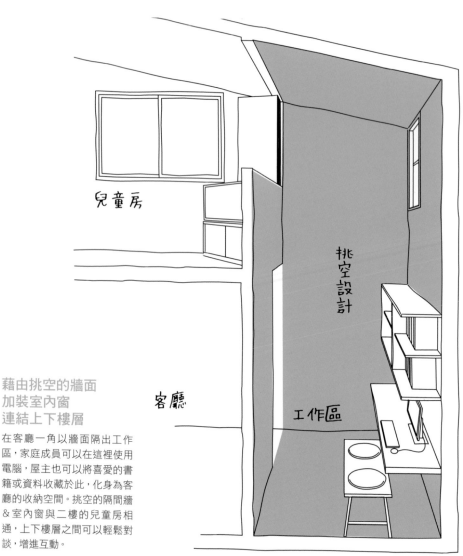

客餐廳的收納櫃
挑選不會帶來壓迫感的類型

客餐廳往往四散著各種生活用品，若是將物品收進門片式收納櫃裡，空間就會顯得清爽宜人。但為了收納容量而把櫃體高度拉到天花板的位置（頂天），反而會產生被牆壁圍繞般的壓迫感。

建議不妨挑選高度適中的收納櫃，大約比身高略高一些（2公尺左右）即可。如此既避免了高度帶來的壓迫感，又能在櫃頂上擺放心愛的生活雜貨，為居家日常增添一些樂趣。

亦可在客餐廳旁設置一個小房間，將生活用品集中收納於此。只要關上門，客餐廳就會顯得井然有序，即便突然有訪客登門拜訪，也不再手忙腳亂。

亦可享受布置樂趣 一舉兩得的 餐廚收納櫃

開合式的壁面收納櫃，只要高度適中就不會給人壓迫感，也不會破壞餐廳的舒適氛圍。櫥櫃上可以擺放一些心愛的生活雜貨，也兼作收納之用。漆成白色的門片，可增添溫潤感。

客餐廳旁的 儲藏室兼工作區

可以收納書籍、雜誌及小朋友玩具的便利小房間。什麼都可以「暫時」收在小房間裡，即使客人突然來訪，也能在井然有序的客廳招待。關上門就像一面牆亦是亮點之一。

在客餐廳一角規劃一個孩子專用的學習空間

近來流行讓孩子待在開放式的客餐廚念書，而非個人臥室裡。只不過若是在餐桌上作功課，每逢用餐時間就得急忙收拾文具書本。若是在客餐廳一角規劃一個學習空間，無論用餐還是一家休憩閒談之時，都可以維持原樣中途離開，對父母與子女雙方都很方便。

舉例來說，不妨在客廳或餐廳設置一張簡易長桌，再放上一台全家共用的電腦，家人相聚的時間就會隨之增加，也能聊得熱絡。此外，若是在廚房旁規劃這樣的學習空間，作家事的同時就能順便看顧孩子的功課。不僅可以用電腦查詢食譜，也可以收放書籍資料當成工作區。

亦可在客餐廚一角，設置以

廚房&書桌在一直線上的格局

這個設計是沿餐廳牆面規劃出一個孩子專屬的學習空間。木作的固定式書架與書桌，搭配市售的文件抽屜櫃，有效運用半坪的空間。書桌就在廚房旁邊，因此作家事的同時也可以看顧孩子。

拉門為隔間的榻榻米和室，平常是孩子專用的學習空間，客人來訪時可以當作客房，充分活用空間使用率。

下沉式暖爐桌風格的和式家庭書房

與客餐廳相連的榻榻米書房，ㄇ字型的木作長壁桌下方為挖空設計，雙腳可以往下伸直。累了可以直接躺在榻榻米上休息，舒適愜意。特意避開窗戶設置書架，讓採光與收納機能兩者兼備。

客廳裡不妨設置一個不需要收拾的寶貴空間

身為父母，當然會希望孩子儘量在視線範圍內活動，而不是獨自待在看不到的房間裡。因此「散落在客廳或餐廳的玩具……」也讓許多家長感到頭痛。

既然如此，不妨在客餐廳一角設置遊戲區，這樣一來小朋友就能盡情玩耍，不用顧慮玩具是否會散落一地。與客餐廳的隔間，與其用一般房門，不如使用拉門。平常維持開啟的狀態，就是一整個寬敞的空間。客人來訪時只要快速關起拉門，散落一地的玩具立刻就會在視線內消失。

若是在地板鋪上榻榻米，就可以成為嬰幼兒午睡之處。有客人來訪住宿時，也能當作客房使用。

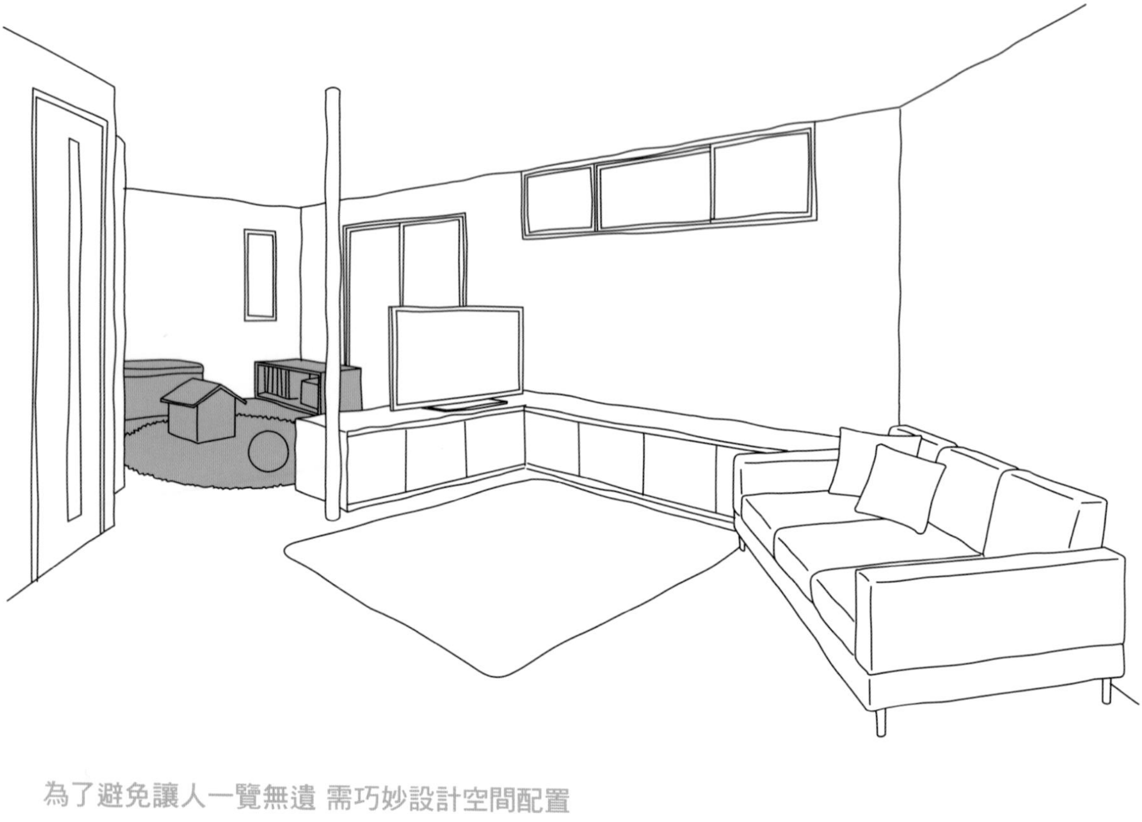

為了避免讓人一覽無遺 需巧妙設計空間配置

上方圖例是將遊戲空間設置於客廳後方。配合土地形狀，利用從客廳延伸出去的「く字形」來設計的方案。位於客廳盡頭的適中深度，即使玩具散落一地也不用在意，可以讓小朋友自由自在地玩耍。

能掌握玄關動靜的客廳令人感到安心

玄關前的木陽台亦通往客廳就能察覺來去的動靜

客廳落地窗外的木陽台，同時兼具通往玄關的棧道之用。由於家人或客人都會經過這個陽台進入玄關，因此即使坐在客廳裡也能掌握外頭的動靜。可以直接從客廳往來陽台的動線也相當方便。

若客廳距離玄關有一段距離，就不容易掌握家人回來時的動靜，無法得知孩子其實已經進家門，回到了自己房間的狀況。若身處客廳也可以聽得到家人進出走動的聲音，不僅能知道孩子的狀況，亦能防止宵小，令人感到安心。

客廳在一樓的格局，可裝設窗戶或在室外規劃一條步道，方便察覺馬路到玄關的動靜。同時，藉由栽種景觀植物保有隱私，使得外頭無法窺見整個客廳也很有必要。若用地狹小，乾脆不作玄關或步道，直接把門廳及客餐廳連結在一起，也是一種方式。

客廳設在二樓時，不妨在門廳附近設置一座樓梯，讓樓梯直接通往客廳，如此一來，從二樓就能得知玄關的活動。若樓梯周圍採開放式設計，更容易感知一樓的動靜。

將吸塵器收納於需要經常打掃的客廳吧！

客廳裡的吸塵器專用收納櫃

特地在客廳規劃了一個吸塵器專用的收納櫃。設計風格與電視櫃及吊櫃同調的訂製木櫃。細長型的直立式收納櫃清爽俐落，吸塵器也可直立收納不占空間。

覺得打掃麻煩，其中一個原因是「要走到收納吸塵器的地方所以麻煩」。在此向大家推薦的收納方式，並非儲藏室或樓梯下方的收納區，而是在客餐廳一角規劃一個吸塵器專用收納櫃。

尤其是有幼兒的家庭，小朋友吃東西常會散落一地弄髒地板，餐廳若就近收納一台吸塵器，打掃散落在廚房地板的食材就變得輕而易舉。吸塵器依機種不同而有各種形狀。不妨約略規劃出一個直立式空間，就算日後更換新的吸塵器也能收放。任何時候都能快速拿取吸塵器清潔環境，將會大幅減輕家事的負擔。

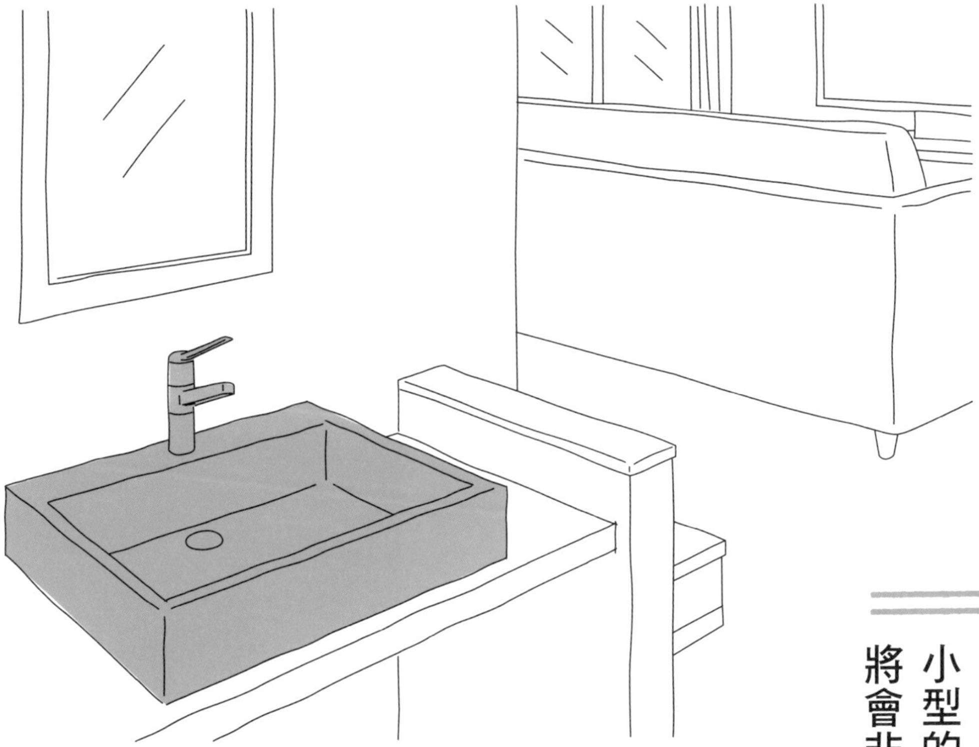

在客廳設置小型的洗手台將會非常方便

在客廳一角設置開放式洗手台

圖例為設置於客廳深處較不顯眼處的開放式洗手台。若是將洗手台設置於玄關通往客廳進門處，回家就能立刻洗手，相當方便。再掛上一面鏡子，就能整理服裝儀容，也能供客人使用。

對於家有幼兒的住戶來說，客廳備有一個小小的洗手台尤其方便。吃飯時弄髒了可以馬上洗手，食物掉到地板也可以立刻以清洗過的抹布擦拭。此外，對於養寵物的家庭，在餵食寵物或處理排泄物時，客廳如果有洗手台就可以就近清洗，相當方便。目前市面上小巧兼具時尚感的洗手台種類豐富，設置於客廳也變得容易多了。

這個點子也適合訪客多或常辦居家派對的家庭。洗衣間通常擺放著換洗衣物及洗衣用品，是極具生活隱私的地方。訪客突然登門拜訪時，凌亂的洗衣間往往令人感到尷尬，這時候客廳若有裝設小型洗手台，客人就能從容自在地洗手了。

COLUMN

窗戶

因應周遭環境配置最合適的窗戶

特別是在住宅密集的都市區，留意窗戶的配置是十分必要的。首先，最基本的原則就是保有彼此的個人隱私，自家窗戶不要與隔壁鄰居的窗戶相對。接著挑選視野良好或景色優美的地方，決定窗戶安裝的位置、大小及種類（橫拉窗、外推窗及百葉窗等）。

要在靠近隔壁鄰居的牆面上安裝窗戶時，不妨選擇在接近天花板的高處安裝橫式氣窗，或在房間的角落安裝轉角窗。這兩種窗戶不僅讓彼此保有隱私，視野也會更加開闊，可以眺望天空或建築物之間的景色。想要在某個空間安裝兼具採光通風功能的防盜窗時，細長的直立式採光窗或百葉窗是不錯的選擇。牆面不方便安裝窗戶之處，不妨採用天窗設計，但有些人可能會在意雨聲，維護上也比較麻煩。

由此可知，「窗戶安裝在南側就OK」並非完全通用的準則。而是必須掌握周遭環境，才能配置出能夠毫無負擔開啟自如的窗戶。

窗戶的類別

天窗

安裝於屋頂面的窗戶。居住在屋舍密集不便安裝窗戶之處時，有不少人藉由裝設天窗，確保來自上方的採光。

凸窗

向外牆突出的窗戶，又稱八角窗。推出呈梯形的稱作三面窗，呈弓形的稱作弧形窗。

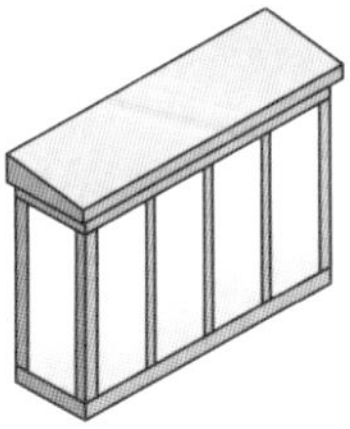

觀景窗

將窗外的景色如畫作般呈現於室內欣賞，稱為「借景」，以借景為目的設置的窗戶稱作觀景窗。若須安裝觀景窗，從住宅設計階段就得開始規劃。

氣窗

靠近天花板安裝的高窗。若對面的牆上裝有地窗，可以形成空氣對流，達成良好的通風換氣。防盜效果也很好。

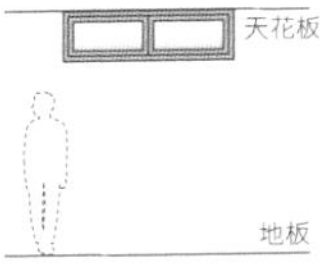

地窗

窗戶緊貼地面，不僅保有隱私，也可以讓新鮮空氣從底部吹進來通風。

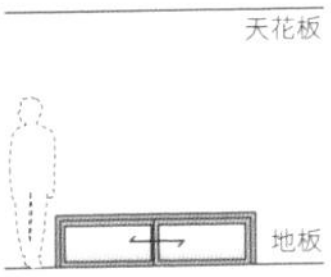

低窗

下緣位置大約是直接坐在地板上時手肘能平放的高度，常安裝於和室這類須坐在地板活動的房間，日本又稱手窗。

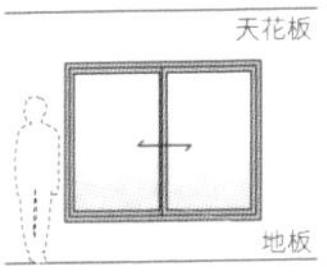

半腰窗

窗戶下緣距離地板約90cm高，窗戶下方可以擺放家具。

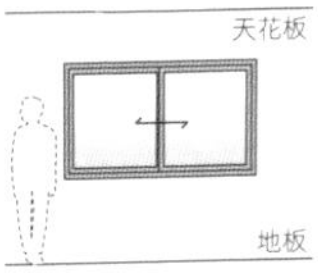

落地窗

可以供人自由進出的窗戶，下窗框多與室內地板齊高（除因陽台防水需求而墊高除外）。

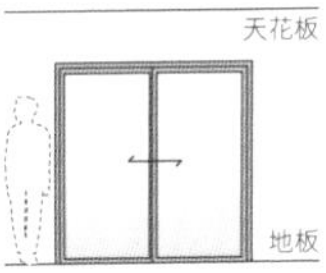

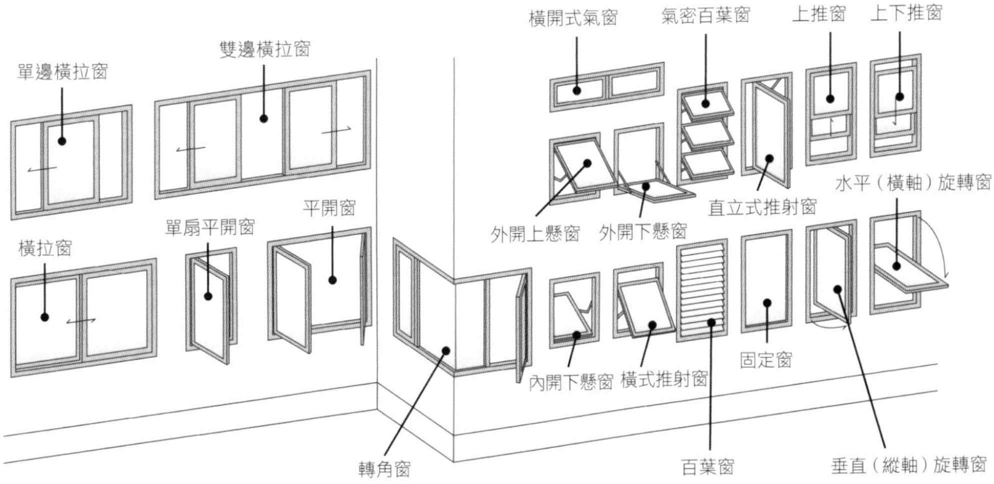

會客空間

會客空間的設計，會隨著來訪客人的交情或招待型態而有所調整。打造一個讓訪客放鬆，家人也感到舒適的空間吧！

設計分別從玄關通往客廳&餐廳的兩條動線

進入玄關即有兩條動線可選，一是通往客廳，另一條則通往廚餐廳。端看與訪客之間的交情深淺，可以選擇在客廳招待客人，或是在廚餐廳、陽台烤肉聚餐，豐富的變化為生活帶來許多樂趣。

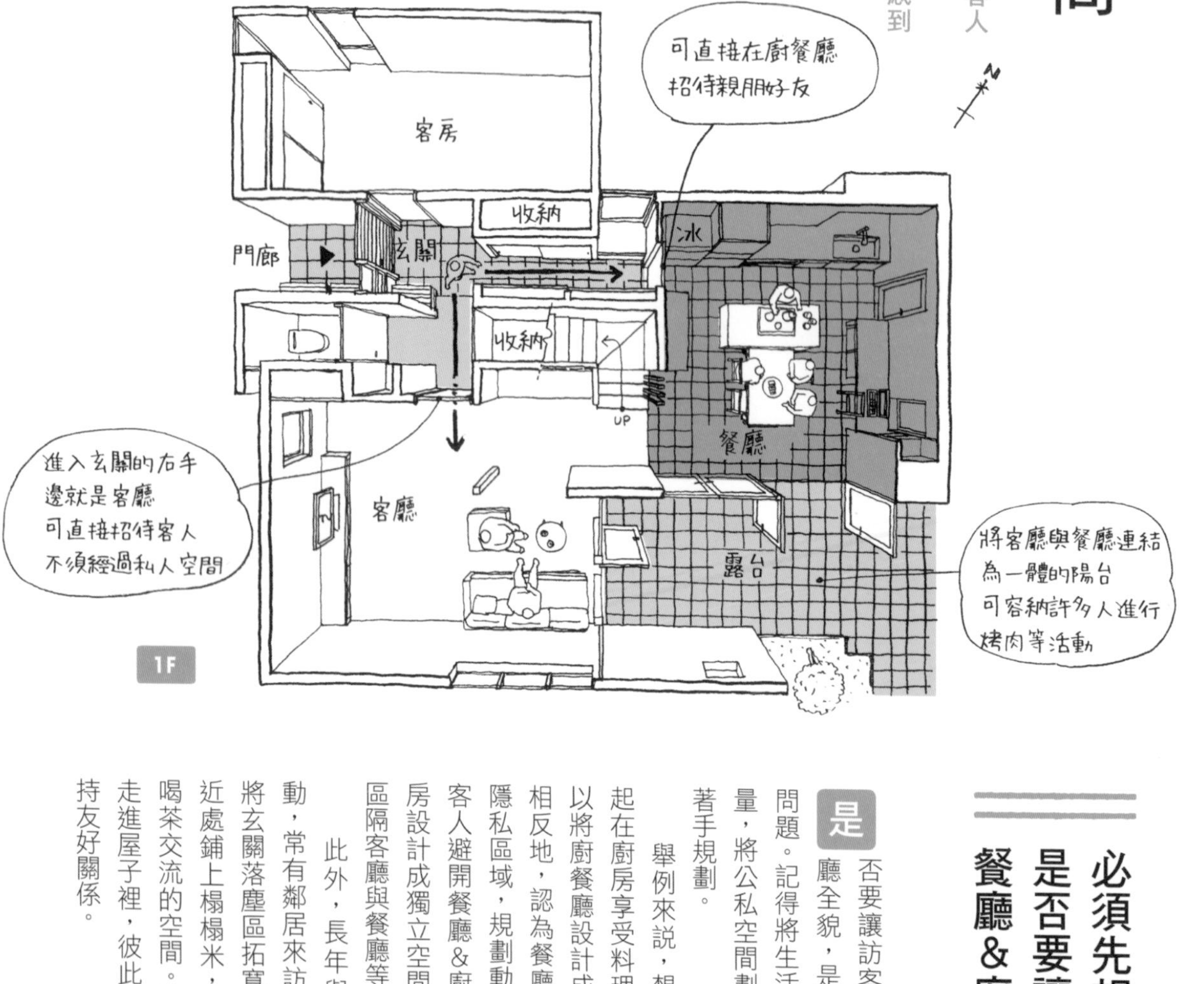

可直接在廚餐廳
招待親朋好友
客房
收納
冰
門廊
玄關
收納
UP
餐廳
客廳
露台
進入玄關的右手
邊就是客廳
可直接招待客人
不須經過私人空間
將客廳與餐廳連結
為一體的陽台
可容納許多人進行
烤肉等活動
1F

必須先想清楚是否要讓客人看見餐廳&廚房全貌

是否要讓訪客看見廚房或餐廳全貌，是個見仁見智的問題。記得將生活習慣也列入考量，將公私空間劃分清楚，進而著手規劃。

舉例來說，想跟親朋好友一起在廚房享受料理樂趣的人，可以將廚餐廳設計成開放式空間。相反地，認為餐廳、廚房是住家隱私區域，規劃動線時就必須讓客人避開餐廳&廚房。例如將廚房設計成獨立空間，或是以樓梯區隔客廳與餐廳等。

此外，長年與鄰居往來互動，常有鄰居來訪的家庭，不妨將玄關落塵區拓寬，在踏進室內近處鋪上榻榻米，打造一個可以喝茶交流的空間。這樣對方無須走進屋子裡，彼此也能自在地維持友好關係。

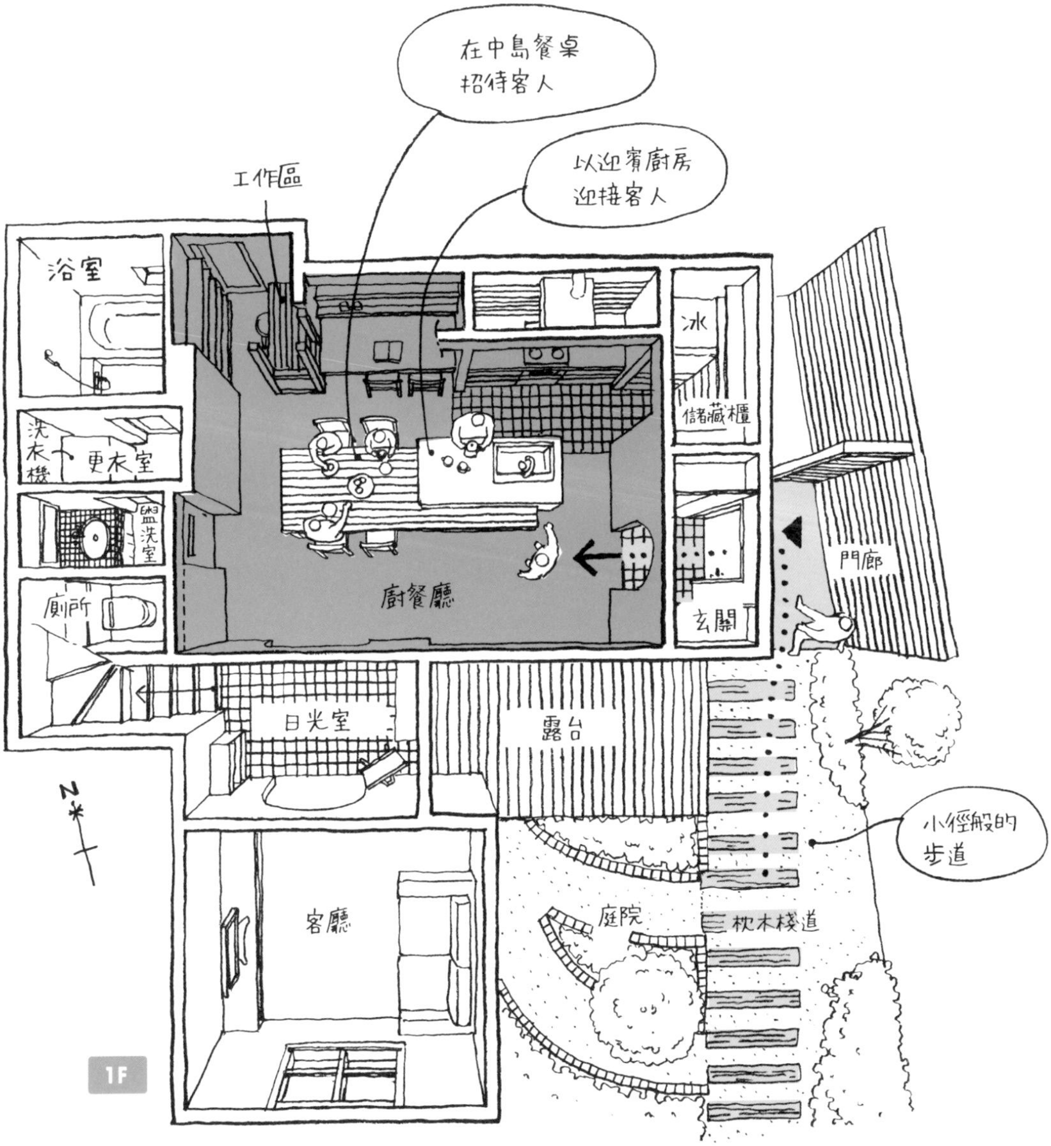

捨去門廳
以廚房迎接來客！

客人一進門，最先看到的就是大大的中島型「迎賓廚房」。玄關處省略了門廳，落塵區後面就是餐廳＆廚房。中島備餐檯直接連結餐桌，是一處家人與訪客皆可在此共享聚餐樂趣的地方。

在餐廳招待客人可以拉近雙方之間的距離

希望讓客人在餐廳舒適地享用茶點或聚餐，而不是坐在客廳的沙發上——如果嚮往這樣的待客方式，那就規劃一間「迎賓餐廳」吧！設計重點在於讓餐廳與客廳保持適當距離。可將這兩個空間配置成L型；在兩者之間安插露台、陽台；或利用高低差讓這兩個空間各自獨立。而作為家庭私人空間之用的客廳，設計時更要著重於放鬆身心的舒適感。

以直列式的廚餐廳招待客人

將中島備餐台與餐桌排成一直線的設計，在製作料理的同時也能自然的招呼客人。由於是開放式廚房，因此對於使用的裝潢材質等有一定的講究，整體風格的設計性也是必須重視的要素。

打造迎接訪客的「迎賓廚房」

不止希望能在餐廳招待客人，而是更進一步想要擁有「能夠款待客人的廚房」，因此將此設計方案命名為「迎賓廚房」。為了讓訪客進入玄關之後，自然而然地走進廚房，要點是盡量讓玄關與廚房直接相連，兩者之間不要安排客廳等其他空間。廚房的設計重點，則是避免讓外人看見腳邊雜亂無章模樣的中島。若是將露台、陽台與廚房連結在一起，便能營造出露天咖啡館的氛圍。

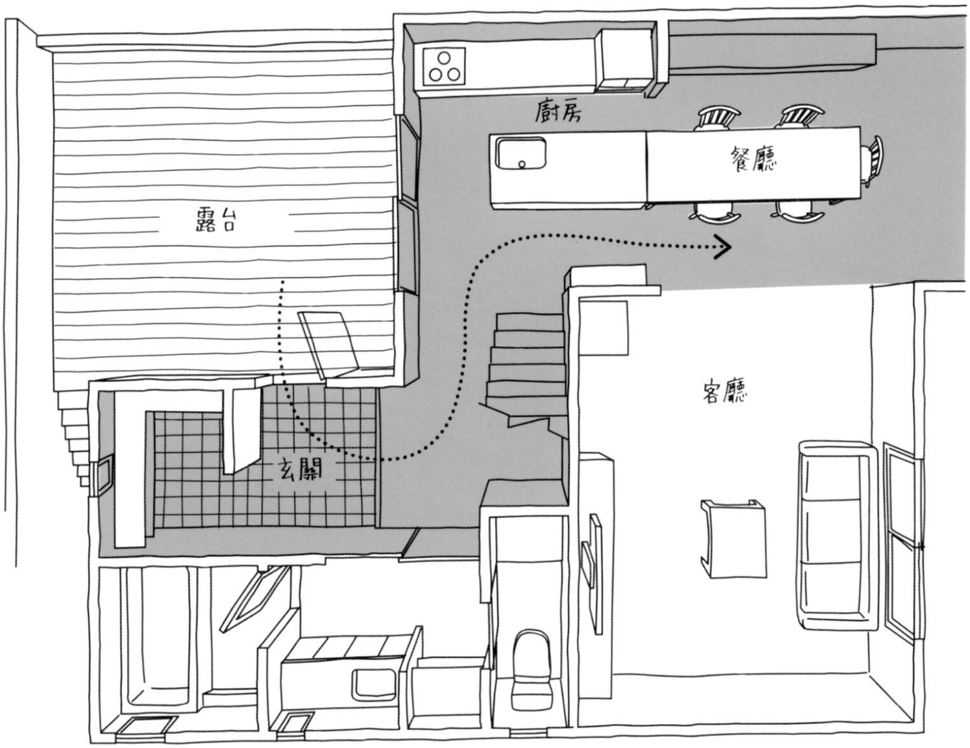

感受露台開放感的咖啡館風廚房

圖例廚房位於雙世代住宅的二樓，因此將樓梯設置於室外。上樓後，首先映入眼簾的是一片寬闊露台，由此走進室內，廚房則是朝向露台的格局。鄰居或親朋好友可以不經過玄關，直接從露台走進廚房。

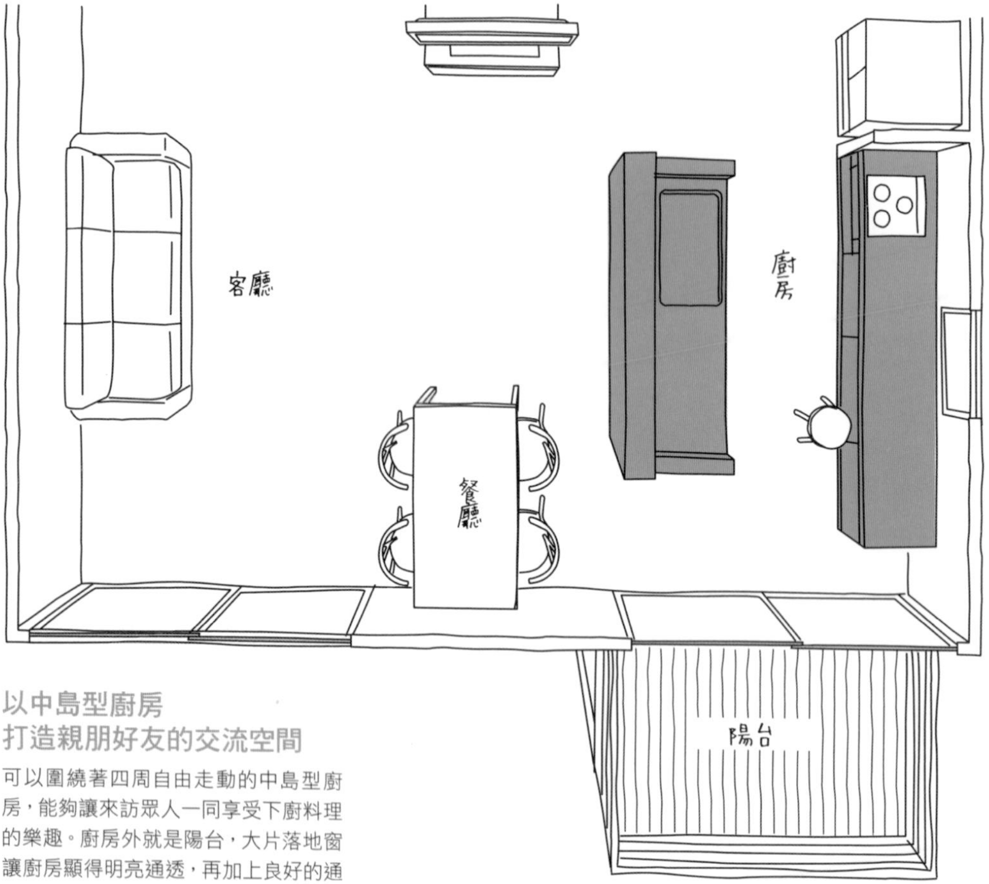

**以中島型廚房
打造親朋好友的交流空間**

可以圍繞著四周自由走動的中島型廚房，能夠讓來訪眾人一同享受下廚料理的樂趣。廚房外就是陽台，大片落地窗讓廚房顯得明亮通透，再加上良好的通風效果，打造出舒適空間。

招待賓客為主要訴求的廚房必須方便多人使用

除了思考要將待客用廚房安排在家中的哪一區之外，也要在廚房設計上多一分講究。最理想的廚房是方便多人使用，讓客人也可以輕鬆參與下廚過程，因此多方動線的設計十分重要。最具代表性的，就是可以在四周自由走動的中島型廚房。有兩個方向可以通往廚房內側的動線，讓人們不至於擠在一塊，料理中或後續的收拾清潔也能輕鬆完成。由於流理台與中島之間預留充足的空間，擦身而過也不至於撞成一團。

最近的住宅設計，傾向省去會客用和室的空間，並且將客廳、餐廳及廚房打通成為整體的開放式空間，以此作為聚會或款待客人的地方。因此這個客餐廚的公領域，除了讓家人擁有自在的日常生活，也要讓來到這個空間的客人感到放鬆。

首先，將家中採光好、視野佳，也就是最令人感到舒適的空間保留下來，作為客餐廚的所在吧！若是條件允許，可以在室外設計一個露台，作為室內空間的延伸。舉辦派對時就可化為露天餐廳，訪客也能夠自由進出，擴大活動範圍。

經常舉辦人數眾多聚會的家庭，客餐廳的設計要點是擁有挑高的天花板。只要高度足夠，整體空間的視覺效果就會比實際坪數來得更加寬敞，即使人數眾多也不會帶來壓迫感。藉由窗戶或天窗將視野穿透至室外亦有絕佳效果，能夠成為來客或家人都安適舒心的公共空間。

聚會人數眾多的客餐廳 藉由挑高的天花板 即可消除空間的壓迫感

藉由大型窗戶&挑空設計營造出更加寬敞的視覺效果

高達240cm的落地窗，放眼望去盡是盎然綠意，可以充分感受到視覺帶來的開放感。此外，上方的透空牆面再加上採光窗，讓視野縱向延伸，帶來遠比實際坪數更寬敞的體感。

足以讓一群人席地而坐的空間也挺有趣的

雖然在餐桌吃飯，在沙發休息放鬆是普遍的主流，家人有固定的活動範圍也讓人感到安心，但也因此產生無法容納一群客人的缺點。

訪客人數多的家庭，客廳不妨採用席地而坐的方式。由於沒有固定的座位，即便人數增多也能容納所有人，帶小朋友前來的客人也會更加自在。亦可藉由鋪設榻榻米，或挑選觸感良好的地板材質來增添舒適感。此外，席地而坐的方式會讓天花板看起來更高，因此十分適用於小型住宅。在意席地而坐導致視線較低，無法與烹調者進行良好交流的情況，可以透過調高客廳地板，或降低廚房地板，讓視線高度更接近，以便一邊進行料理一邊與訪客輕鬆寒暄。

下沉式暖桌風格的設計帶來舒適感

團聚時刻，少不了一張能讓雙腳伸直放鬆的餐桌，不限定座位人數的和室桌更是居家派對的好幫手。地板材質選用陶瓦磚，就算不小心打翻飲料也不用擔心會滲進地板。

能夠躺臥小憩的榻榻米客廳最讓人放鬆

無論家人或訪客,疲累時都可以在此躺臥舒展,屬於隨意自在過生活的設計方案。不加裝拉門等輕隔間,讓客廳、餐廳與走道相連,形成開放感十足的空間。前方的餐廳同樣是圍著矮桌席地而坐的形式,重心放低的生活形態,可讓空間顯得更寬敞。

即使訪客突然登門也能迅速收拾整潔的門片式收納櫃

在住宅環境嚴苛的都市裡，想要如傳統規制般，設置獨立式客房與會客室著實不容易，一般來說，都是在客餐廳接待客人。客餐廳同時也是家人主要的生活空間，因此容易散放著家人的雜物。雖說只要使用完畢物歸原位即可，但往往一忙起來就會把東西隨手放在桌上……突然有訪客時，常讓人不知所措。在此推薦各位一個不錯的點子，不妨在客人行經的動線上設置門片式收納空間，如此就可將雜物暫時收起。

一整片的開放式收納牆面會帶來壓迫感，但如果是與牆壁顏色相同的拉門，關上時就像是一面普通的牆壁。或者設置如同小房間般的大型儲藏室，不僅能集

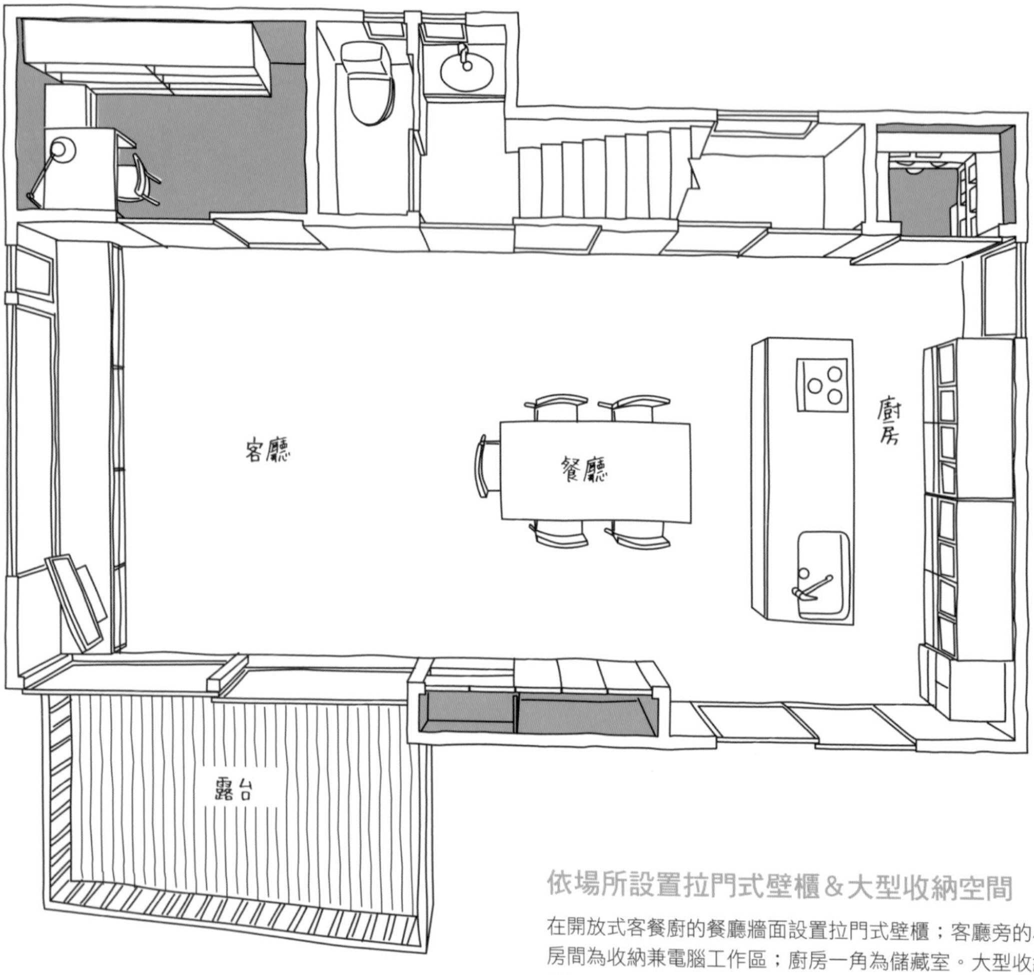

依場所設置拉門式壁櫃＆大型收納空間

在開放式客餐廚的餐廳牆面設置拉門式壁櫃；客廳旁的小房間為收納兼電腦工作區；廚房一角為儲藏室。大型收納空間，只要條件允許在外側安裝一道推拉門，關上門之後就不用在意雜物的存在了。

中管理日用庫存，臨急時也能收藏大型物品，相當方便。儲藏室雖然會占用其他房間的空間，卻可以維持整體住宅的井然有序，反而給人清爽寬敞的感受。

容易因線路或週邊機器而雜亂無章的電腦工作室，規劃為小房間的形式。如此一來，客廳會顯得簡約俐落！

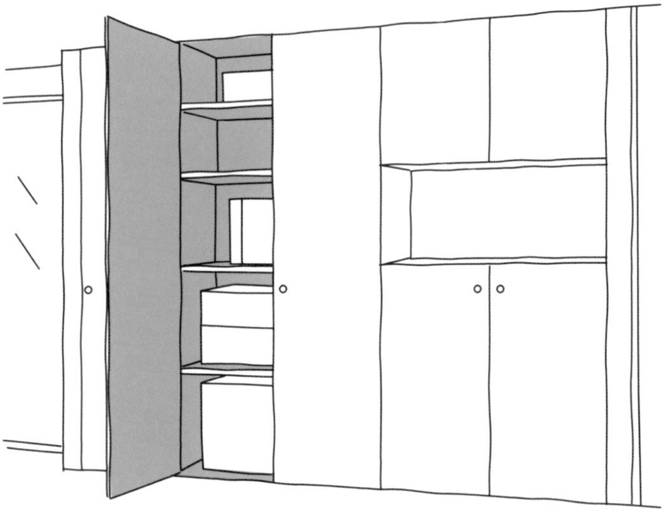

從零散文具到吸塵器，常在餐廳區域內使用的物品，全都可以完整收納！

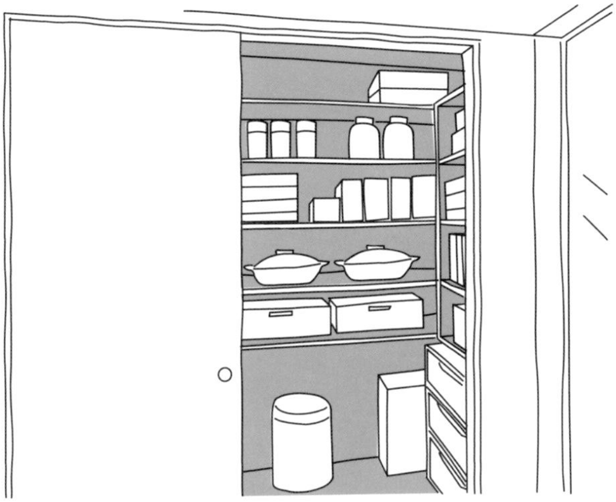

廚房旁的儲藏室採用開放式收納，物品一目瞭然，方便庫存管理。

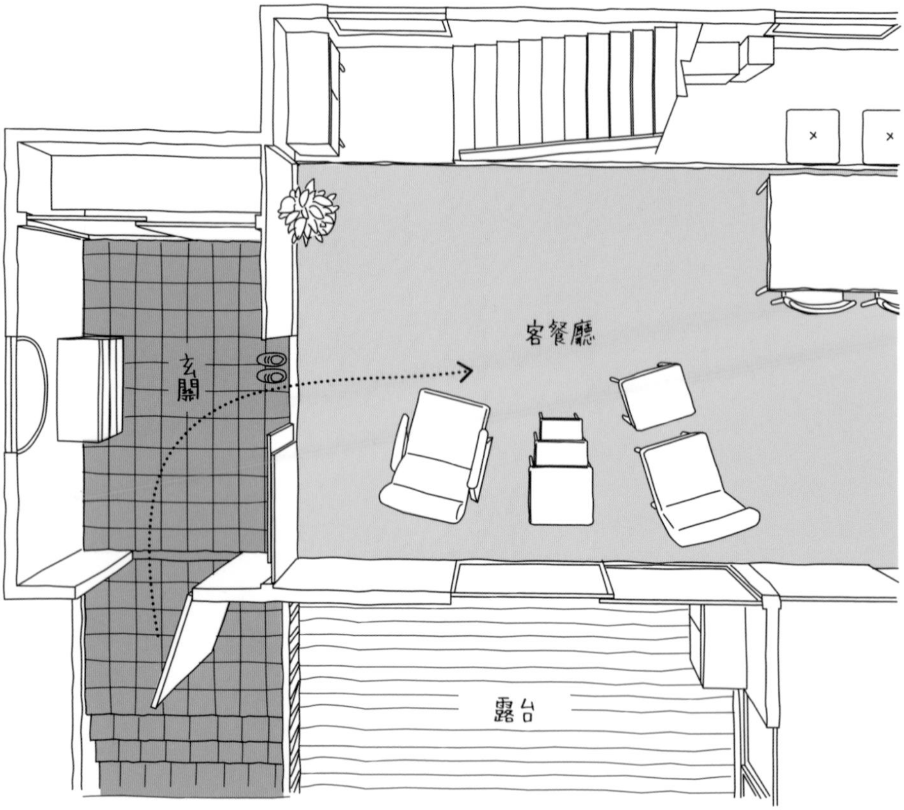

玄關直接連結客廳的簡單動線

設計時捨去門廳，直接從落塵區進入客廳，以二樓通透開放的空間迎接來訪客人。玄關與客廳之間僅安裝一道透光且不具壓迫感的聚碳酸酯拉門，對於提升冷暖氣的功效也多一分講究。

自然地讓客人由玄關進入客餐廳

初次來訪的客人當中，一定會出現帶著緊張不安推開玄關門的人。為了讓來訪的客人放鬆心情，進入玄關時給人的第一印象，以及通往客廳的動線是否自然流暢變得相當重要。

從門廳通往盡頭的走道如果顯得昏暗，首先帶來的第一印象就不是很好。若從玄關通往客廳的區域為開放式空間，盡頭顯得明亮且洋溢歡樂氛圍，訪客就會自然而然的朝客廳走去。若走道或玄關四周難以安裝窗戶，怎麼處理都還是顯得昏暗不明亮時，不妨運用花藝、陳設藝術品或照明，營造出輕鬆愉快的氛圍。

讓來訪的客人無須遲疑「這裡可以進去嗎？」也是以客為尊的一種體現。不希望客人走進的臥室、

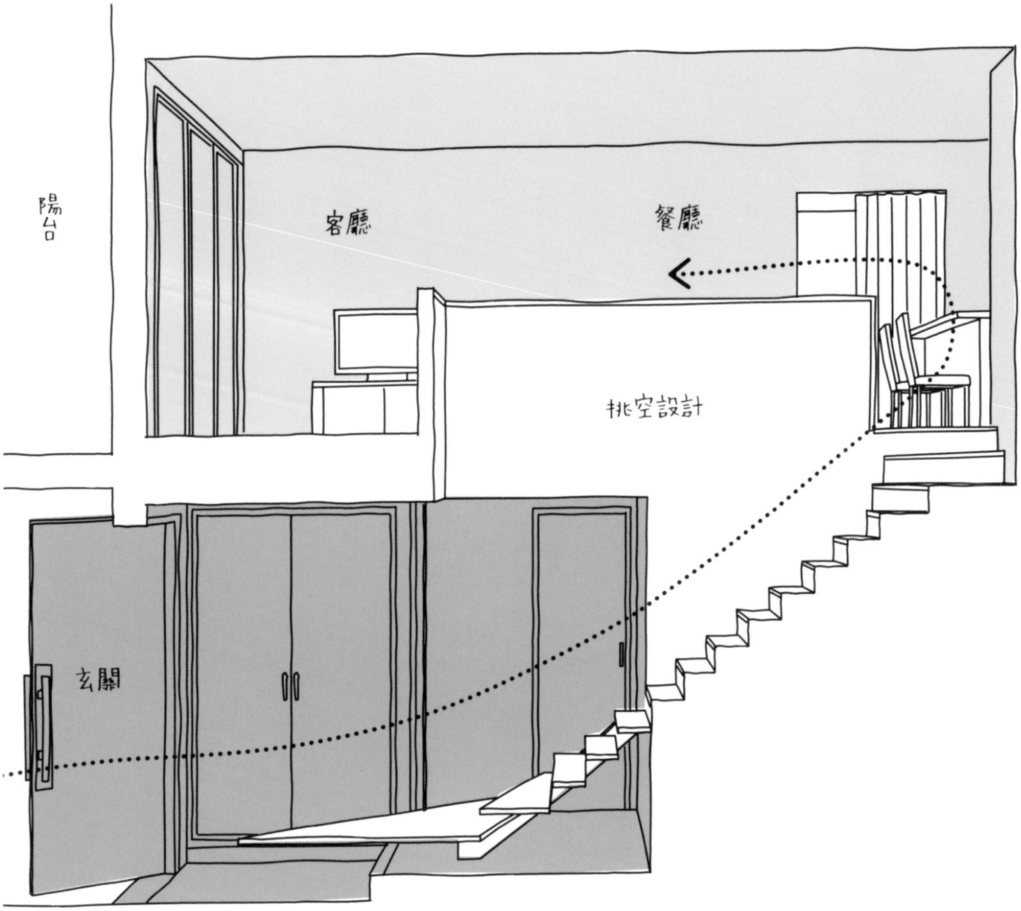

藉由樓梯將客人的視線引至二樓

此為客廳・餐廳・廚房位於二樓的設計。一走進玄關即可看見往上延伸的樓梯，挑空設計帶來的明亮光線，讓人不禁踏上樓梯前往二樓。樓梯的第一個階梯也可以當長凳使用，這點頗受訪客好評。一樓的私人房門則緊關著。

家用浴室、廁所及廚房等私人空間，記得將門關好，讓公用與私人空間一目瞭然，以避免尷尬的情形發生。

訪客如非攜家帶眷 建議讓客餐廳成為各自獨立的空間

如果在建造房屋前就計畫在自家開設教室或洽談公事，建議捨棄開放式客餐廳的格局，採取規劃成分別獨立的空間。如此也可以避免當重要客人來訪時，家人反而沒地方可去的窘境。

除了工作上往來的訪客，經常舉辦媽媽聚餐的家庭，不妨也將先生、孩子作為主要休憩的客廳與餐廳分開，這樣就不用擔心是否會打擾到家人。除了將客廳安排在同一樓層的其他房間，也可以將客、餐廳分別設置於上下樓層。

在餐廳招待重要的商務訪客

將一樓作為會客空間兼餐廳，二樓為私人專用客廳的案例。採用與餐廳分隔開來的獨立式廚房，營造出能夠自在交流不被打擾的空間。

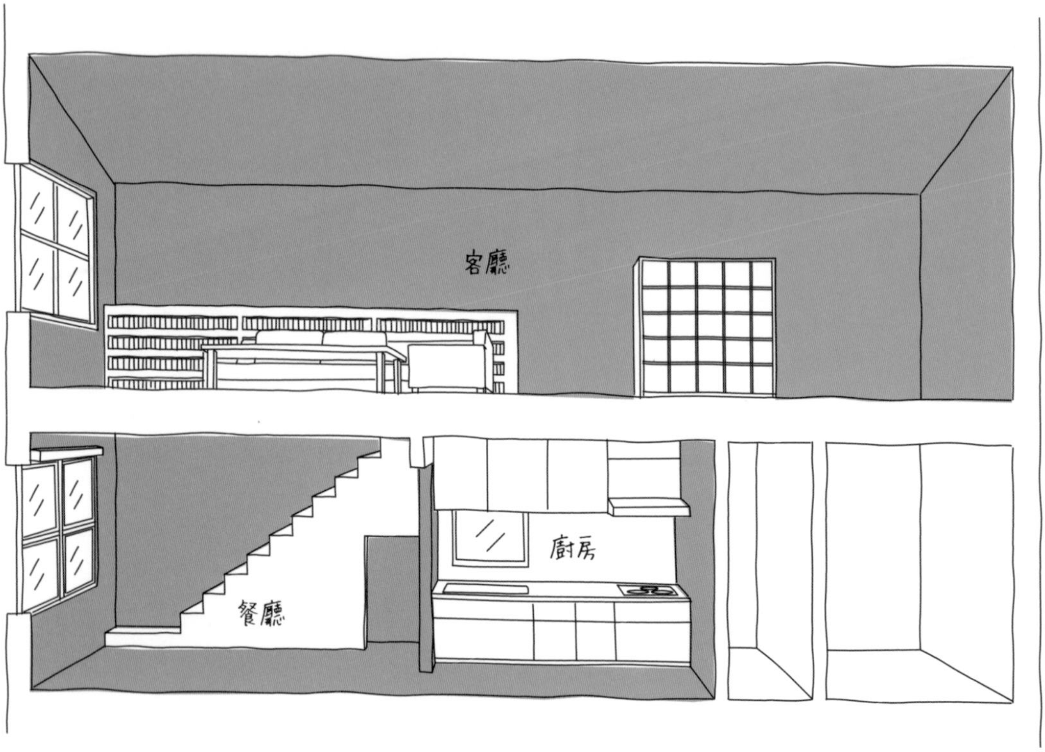

規劃客房時 不妨仔細思考一下 誰會在此過夜

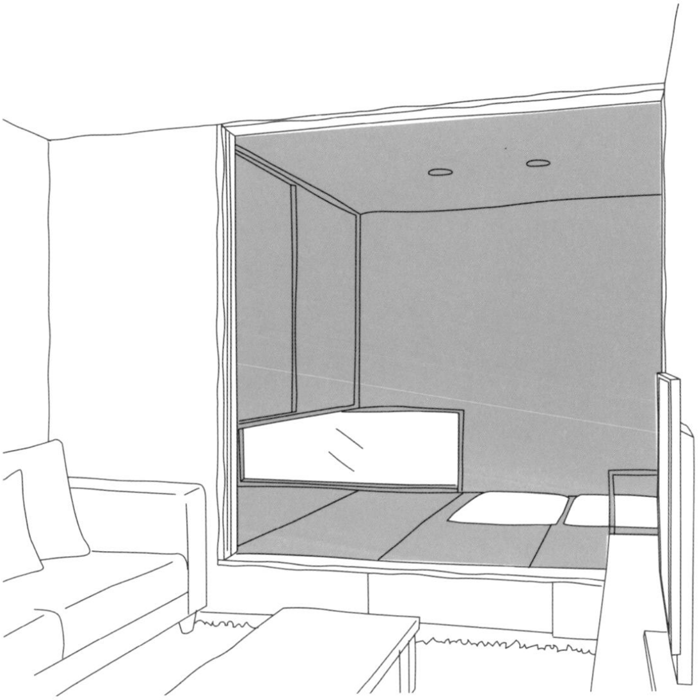

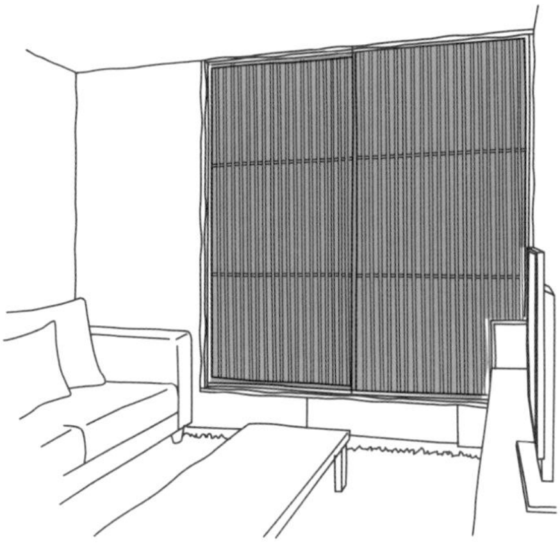

架高地板的和室 轉身一變成為客房

與客廳相連的和室只要關上拉門，就自成一個獨立房間，鋪放榻榻米的空間十分適合作為客房使用。細長格柵的拉門充滿雅致質感。地板架高後，下方亦可充分利用作為收納空間。

在規劃客房時，重點是先釐清雙方之間的關係。若是熟悉的親友來訪過夜，只是將客廳一角的拉門關上這種程度也OK。即使朋友臨時來訪過夜，也能馬上張羅好住宿的房間，還能與朋友一同準備早餐，享有美好的早晨時光。

如果來訪過夜的是長輩居多，則是建議將客房安排在離客廳稍遠的位置。最理想的規劃是讓盥洗室離客房近一些，讓客人可以自在使用。不過家人常在深夜洗澡的情況之下，有的客人反而會「在意聲響而睡不著」。遇到這種情形，反而要將客房與衛浴間的距離拉開。若是有親戚長期居住或頻繁前來過夜的家庭，不妨設計一間宛如飯店般附有浴室的套房。客人能夠就近在房間附近處理早晨的梳妝洗漱，彼此也會比較輕鬆自在。

亦可短暫接待客人
玄關落塵區
寬敞一些更加方便

連接室內外的緩衝區
傳統簷廊般的
會客玄關

玄關落塵區呈現L型，與和室連接的長邊舖設著如同長凳的木地板，打造出宛如簷廊般的格局。開啟長凳前的玻璃拉門即可融合室外、落塵區及和室成為一整個開放空間。朋友或鄰居可以輕鬆自在的前來串門子，營造和樂融融的氛圍。

傳統農家等日式房屋裡設置的「土間（落塵區）」，是位於屋內與屋外之間，作為中間的緩衝地帶。若是將此設計應用於現代住宅，即可成為暫時接待客人的空間，或許會比想像中要方便許多。

說是設置土間，但也不需想得太複雜。只要將落塵區稍微拓寬，客人即使穿著鞋子也能坐下來喝茶聊天，如此就誕生了一個宛如小客廳的空間。以這種形式接待短暫來訪的客人，就不需要將對方引入室內，對於接待者及拜訪者都輕鬆。

其他像是宅配業者送貨、銀行行員來訪或鄰居傳公告板之類，在門口就能解決之事，只要有改良版的玄關落塵區就能輕鬆應付。選用天然材質製作可坐區域，營造出沉穩平靜的氛圍吧！

用地面積有限無法設置玄關落塵區時，可試著規劃捨去走道，將空間用於設置玄關落塵區的方案。

站著閒聊或作為遊戲區皆可隨意使用的自由空間

打開玄關門，映入眼簾的是一大片玄關落塵區。長長的橫木地板區，足夠全家人坐下來在此穿脫鞋子。不但可以站在這裡與來訪的鄰居閒話家常，小朋友也可以在這裡玩扮家家酒，或將滑雪板之類的用具拿到這裡保養，是運用廣泛的生活空間。

COLUMN

燈具照明

「燈具」設備的照明規劃

室內照明有多種運用技巧，可藉由吸頂燈照亮整個空間；使用吊燈作為餐桌的光源；或藉由投射到牆上的聚光燈產生間接光源。燈光的設置對於房間氛圍及家具擺設都有重大的影響。總而言之，規劃照明時的重點在於「光質」與「配置」，亦即考量要將何種類型的光線投射在哪個位置。一提到燈具照明，大多數的人都是聯想到燈具造形的挑選，但實際上先將整體空間的照明確實規劃好才是首要之務。

燈光要在哪裡開啟、在哪裡關上是生活便利與否的關鍵，但這個問題往往被大家忽略。例如晚上回到黑漆漆的家中，一定是先打開玄關門廳的燈，接著打開走道的燈，再關掉門廳的燈，客餐廳的燈開了之後，再關掉走道的燈……這樣一路麻煩的開開關關十分不順。如果在玄關門廳就能直接開啟客餐廳的照明，只要憑藉這光源就足以抵達目的地了。

照明的類別

局部照明

僅讓光線投射於需要照明的範圍，例如在沙發閱讀的書面、料理的手邊或裝飾於牆壁的掛畫等。立燈、檯燈、聚光燈及壁燈之類，皆屬於局部照明。

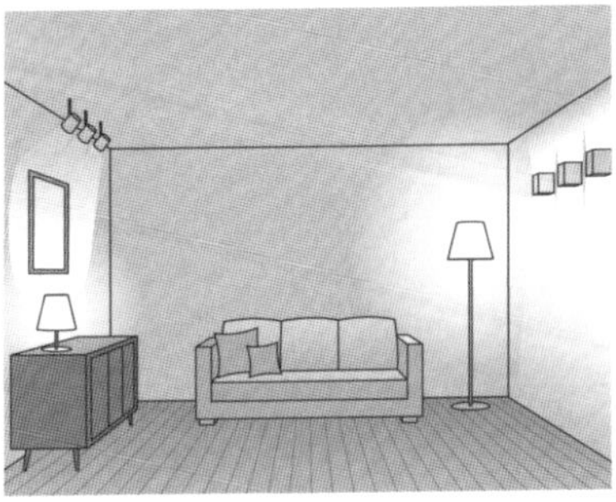

整體照明

將燈具裝在房間中央，使整體空間的明亮度保持一致，可裝設吸頂燈或在天花板嵌入多個崁燈。

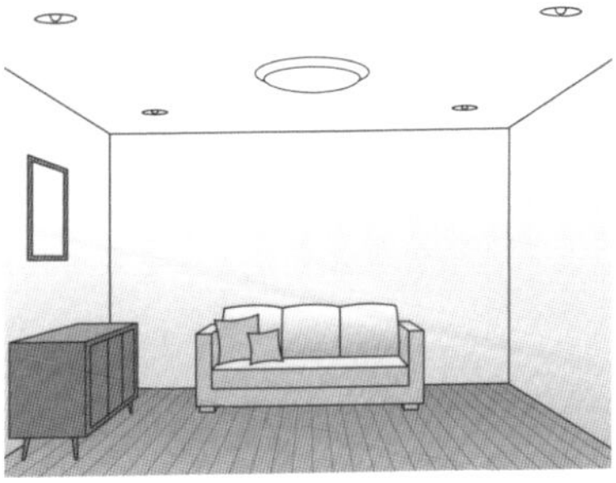

直接照明

光源直接照射於工作面的手法。一般是將燈具裝在天花板等不會被障礙物遮擋的地方。餐桌上的吊燈及客廳的吸頂燈皆屬於直接照明。

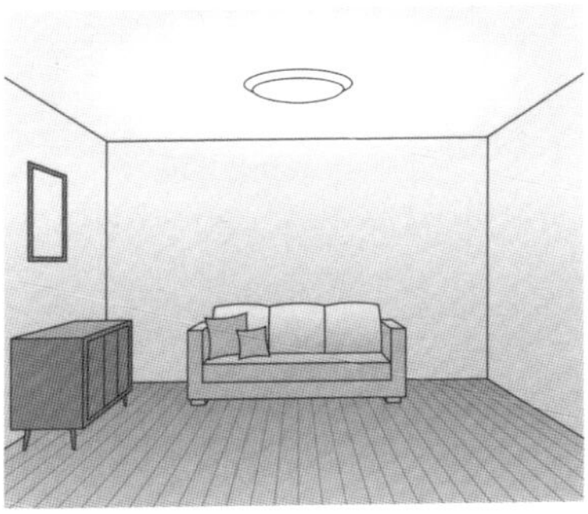

間接照明

不是利用燈具的光源直接照亮空間，而是利用牆壁或天花板反射光線，間接提升亮度的手法。相較於直射光，反射光比較柔和。建築化照明即為間接照明的一種。

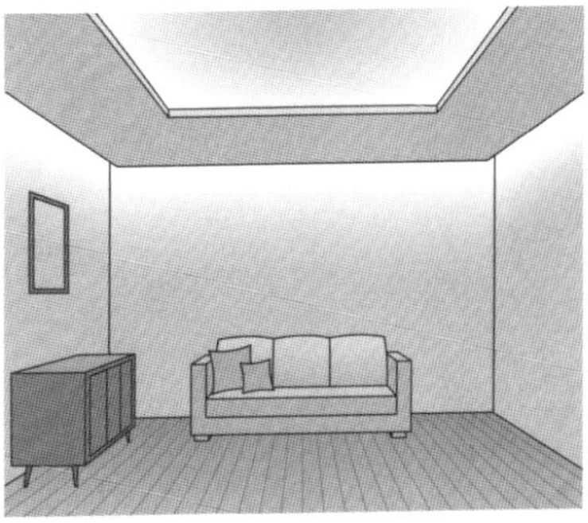

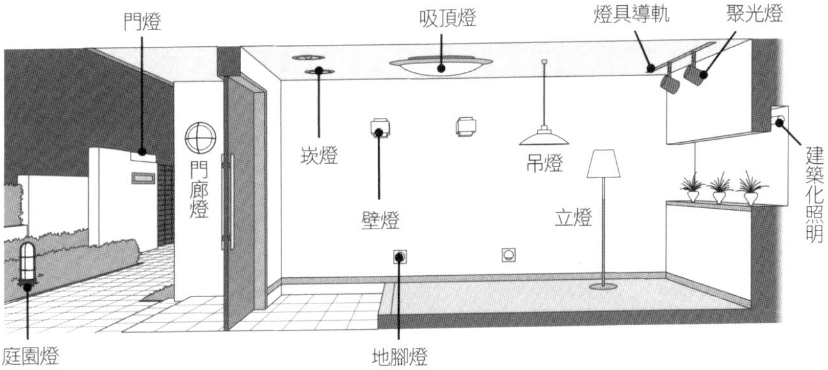

家事空間

日日重複且作不完的家事，如果能花點巧思讓家事更有效率，以更輕鬆愉快的心情打掃，不用再為家事煩心，便能享有舒適的生活品質。

宛如「司令塔」般縱覽全局的廚房 令親子雙方都安心

特別是家有幼兒的家庭，大多希望「在廚房作事的同時，也能掌握孩子的活動狀況」。若是能夠擁有「司令塔」般，可以將屋裡一切盡收眼底的廚房，那麼無須放下手邊的家事也能知道孩子的動靜，孩子也不

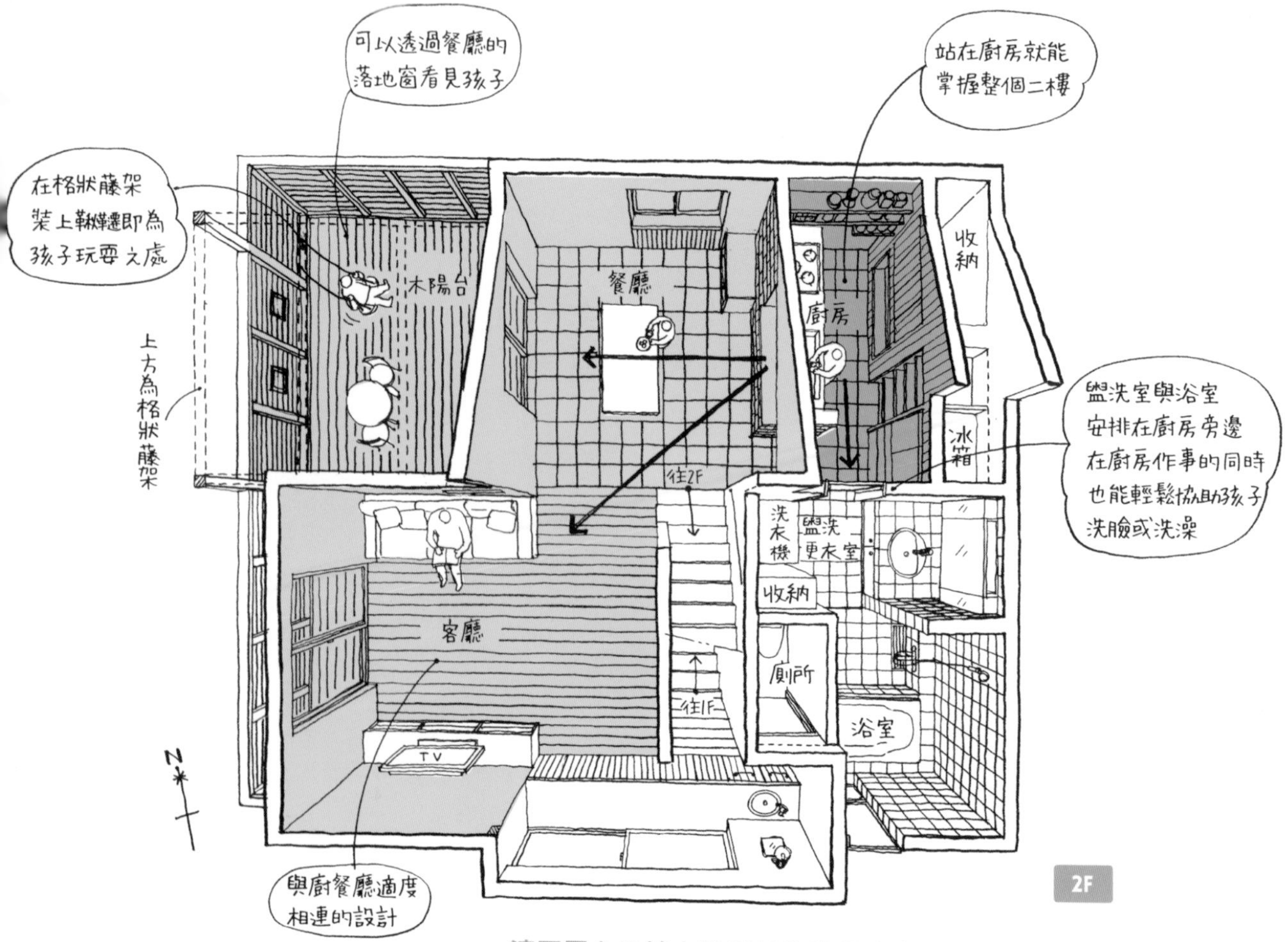
可以透過餐廳的落地窗看見孩子
站在廚房就能掌握整個二樓
在格狀藤架裝上鞦韆即為孩子玩耍之處
上方為格狀藤架
木陽台
餐廳
廚房
收納
冰箱
盥洗室與浴室安排在廚房旁邊 在廚房作事的同時也能輕鬆協助孩子洗臉或洗澡
往2F
洗衣機
盥洗更衣室
收納
廁所
浴室
客廳
往1F
TV
N
與廚餐廳適度相連的設計
2F

連同露台及樓上動靜都能掌握的廚房

雖然廚房位於樓層的最深處，但是站在流理台前就可以掌握客餐廳、木陽台及三樓房間的活動狀況。無論孩子們待在哪裡玩耍，都在媽媽的視線範圍內，令人感到安心。

會產生被緊迫盯人的感覺，能自由自在地玩耍。

設計時的要領，是將廚房、客餐廳及樓梯連結在一起，形成一個視野良好的開放空間，站在廚房就能縱覽樓層。連同露台或陽台劃入視線範圍之內，即使孩子在室外玩耍也能看顧。

坪數充裕的情況，不妨將盥洗室及浴室安排在廚房旁邊。如此一來，在廚房作事的同時也能協助小朋友洗臉或洗澡。

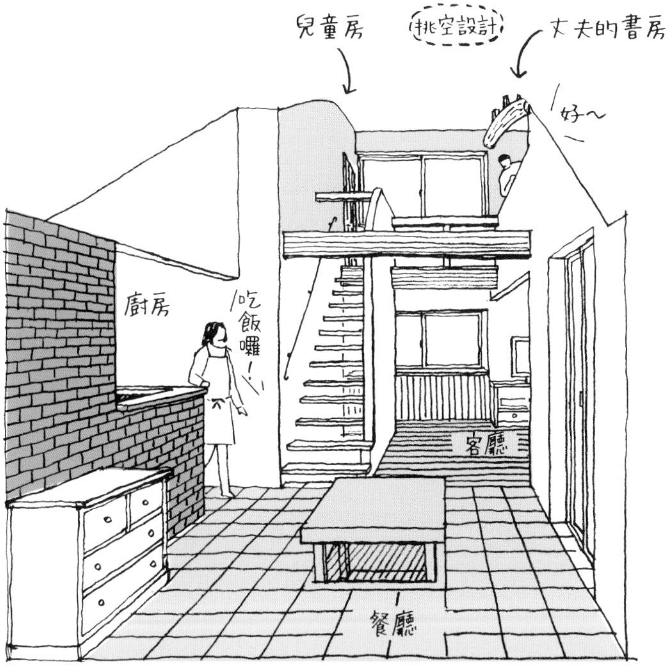

可以從廚餐廳看到
客廳．樓梯．挑空二樓

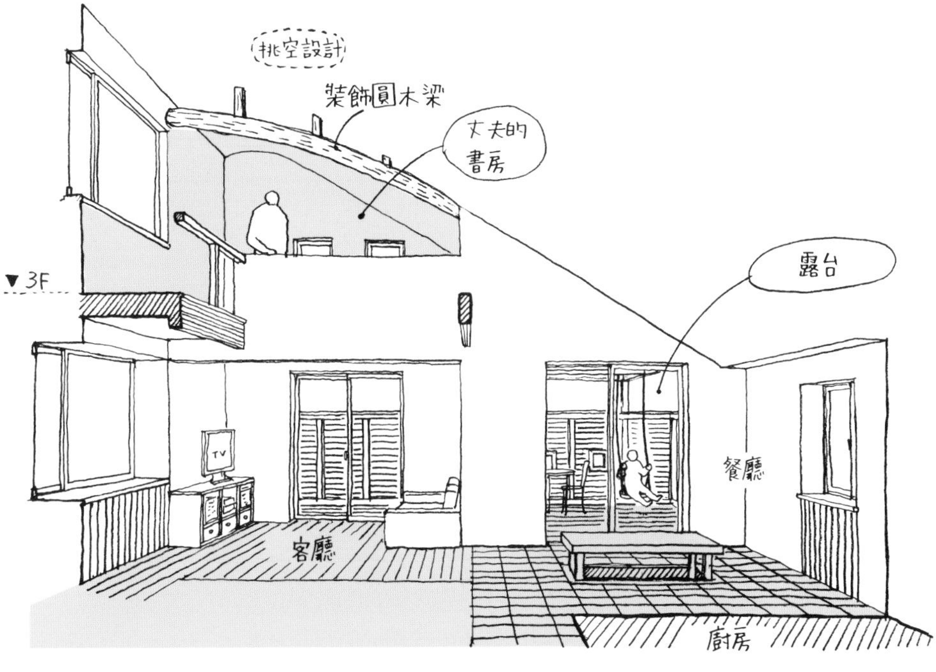

獨立式廚房適合想要專注於料理的人

可以隨心所欲使用的獨立式廚房，一直以來都備受青睞。不用擔心水或油煙會弄髒餐廳，想使用的烹飪器具都可以拿出來使用，無須在意廚房會不會顯得凌亂不堪，所以能夠專心下廚是其優點。安排在客人看不見的位置，更能設計出著重機能性的廚房。相較於可容納多人聚餐的開放式廚房，獨立式廚房亦別具魅力。

也有人表示「小間的獨立式廚房宛如座艙般，想要什麼馬上就拿得到，相當方便。」過於寬敞的廚房，因為動線被拉長反而沒有那麼順手。將所需機能壓縮集中於小型空間的廚房，可以減少作業時不必要的移動。

藉由小窗戶與餐廳連結的封閉式廚房

流理台與瓦斯爐相對的ㄇ字型廚房，短而集中的動線能讓下廚更有效率。待在廚房料理的同時，也能透過與餐廳之間的小窗戶了解其他人的狀況。

與親朋好友在開放式廚房共享作菜的樂趣

認為「廚房是美味料理的幕後場所」的人，適合先前介紹的獨立式廚房。相對地，認為「廚房是大家一起享受作菜樂趣的舞台」，不妨選擇開放式廚房。

最具代表性的，就是四周皆可圍著的中島型廚房。連同水槽前方的流理台一起拓寬，就能讓烹飪空間更加寬敞有餘。其中一邊與牆壁相連的半島型廚房也能如此應用，若是餐桌那一側也合併加入，便可以讓更多人一同參與。

另一方面需要留意的是，別讓料理時的油煙或氣味在室內擴散開來，是否安裝高性能的排風扇等考量是必要的。

將大型的中島廚房設置於住宅中央

結合大型中島與餐桌為一體的廚房，安排在屋子中心處的格局，如此一來，家人與客人自然就會聚集在這裡。此外，廚房裡設置了許多抽屜式收納櫃，即使擁有多且雜的廚具也能顯得井然有序。

節省空間又兼具機能性的首選是I型・II型廚房

動線單純俐落的I型廚房讓作業過程更加輕鬆

使用一面矮牆隔開廚房與餐廳，如此也能遮擋下廚時凌亂的流理台面。背後則是大容量的儲藏櫃，平時只要將拉門關上，頓時化為牆面般顯得清爽俐落。

I 型廚房的特色是將廚具設備如：流理台・瓦斯爐・冰箱等置於一直線的配置，適合需要節省空間的小型住宅。只要橫向移動就能輕鬆進行作業，充分具有機能性的一面。亦可將移動式收納架置於廚房與餐廳之間成為輕隔間，成為彌補I型廚房不足的收納空間。

II型廚房則是在I型廚房背後平行設置收納櫃或櫃檯，只要轉身就能拿到所需的物品，作事更有效率。不同於L型或U型廚房的格局，不會出現難以完全利用的轉角處，毫不浪費空間是其魅力所在。

歐美主流的低吊櫃使用起來更加得心應手

想必許多人都有過這樣的經驗：「吊櫃的位置太高，不踩著凳子就拿不到物品，於是便閒置在櫃子裡不用。」這時建議選用歐美廚房中常見的低吊櫃。

低吊櫃的位置，大約是從下櫃檯面量起40～45cm的高度。看到這裡，一般人往往會擔心，作業時難道不會撞到頭嗎？實際站在櫃子前就會知道，吊櫃下緣的邊角位於臉頰下方，並不會撞到頭。這個高度的吊櫃伸手可及，拿取收納都輕而易舉。

不過，這種吊櫃不一定每家廚具公司都有，若是請木工訂作，不妨參考成品的尺寸及裝設位置。

毫無浪費的高機能採用系統廚具吧！

圖例採用德國品牌的系統廚具。大容量吊櫃不僅收納空間充足，高度也剛剛好，方便使用者下廚時拿取收納。流理台前方裝設的橫長形窗戶引進自然光，自成一個明亮舒適的作業空間。

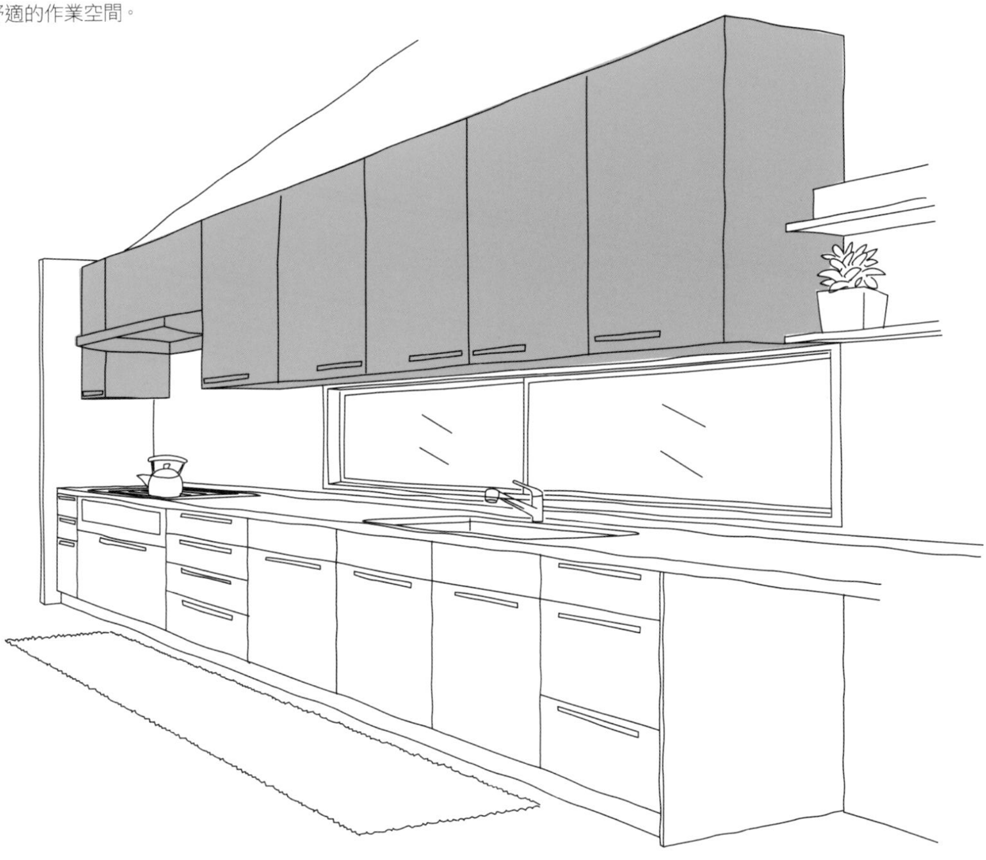

讓廚房擁有「通透」的延伸視線吧！

流理台前的窗口不僅視野佳 更帶來明亮光線

水槽前安裝了上下推窗，進行料理或清潔作業時，也能望著院子裡的景色，或看顧在院子裡玩耍的孩子們。能夠充分感受光線與涼風的廚房，為每天的家事時間增添一抹生活情趣。明亮的環境作起家事更方便也是一個優點。

越過吧檯望向陽台的視野

此為圍繞著櫃檯共享烹調與用餐時刻的開放式廚房。隔著大片落地窗，從櫃檯內的水槽前即可眺望綠意盎然的陽台。一邊洗碗也能欣賞種植著果樹苗的陽台，感受四季變化的萬種風情。

規劃廚房時，一般首重收納、設備及動線等機能面，不過廚房與日常生活息息相關，不妨也將舒適度列入設計時的重點。站在廚房放眼望去，院子及露台等室外空間一覽無遺，少了封閉感的「通透」視覺效果，讓瑣碎的家事作起來更顯輕鬆。烹飪時一抬頭，映入眼簾的盎然綠意不禁令人放鬆。廚房的牆壁無法安裝窗戶時，可以試著在餐廳旁裝上大片落地窗，營造通透感。

心中的藍圖還很模糊的時候，可以站在廚房想像一下，哪裡「通透」會令人感到舒服，找出那個位置。屆時只要將心中大概的格局告知設計師即可，例如：希望「水槽前有一扇窗，這樣洗碗的時候也能欣賞室外景致。」

「下廚」&「用餐」空間相鄰的廚房動線短更具機能性

當住家位於都市裡常見的細長狹小土地時，廚房若選用高人氣的吧檯式，擺放餐桌的空間就會隨之變窄，影響穿梭走動。這時反而建議使用以往住宅區慣用的I型廚房，並且將餐桌置於一旁，讓整體顯得寬敞有餘。空間狹小並不是缺點，若能將狹小＝近的優點運用於餐廳&廚房，拉近烹飪與用餐的距離，也就等於縮短上菜與收拾清潔的動線。不僅作業更加輕鬆，站在廚房也能看著孩子吃飯，食物不小心掉到地板，也可以馬上以濕巾或抹布處理，使用上比想像中意外來得順手方便。

廚房收納櫃及餐桌的風格保持同調，地板挑選別具風情的材質，牆壁不需太多擺飾，保持整潔清爽即可。如此一來，空間雖小也能營造出令人感到舒適的洗練空間。

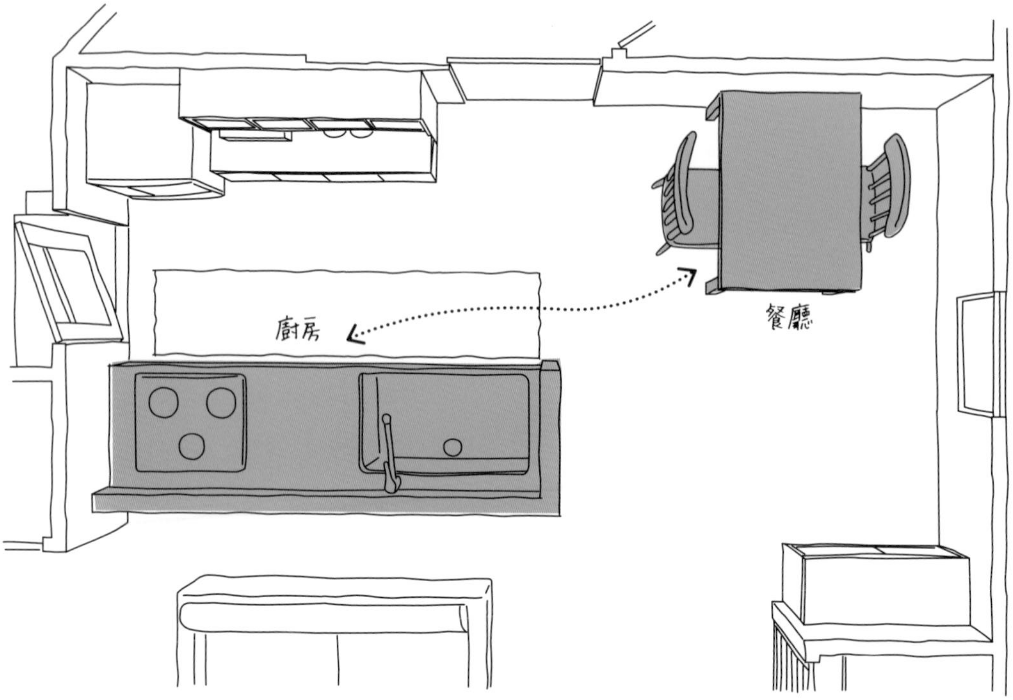

無需繞過櫃檯就能上菜的動線

由於空間有限，採用流理台朝向客廳，簡約機能的II型廚房。餐廳位於廚房旁邊約 1.5 坪的空間，不須繞過櫃檯就能上菜及收拾碗盤，實現極致精簡的動線。

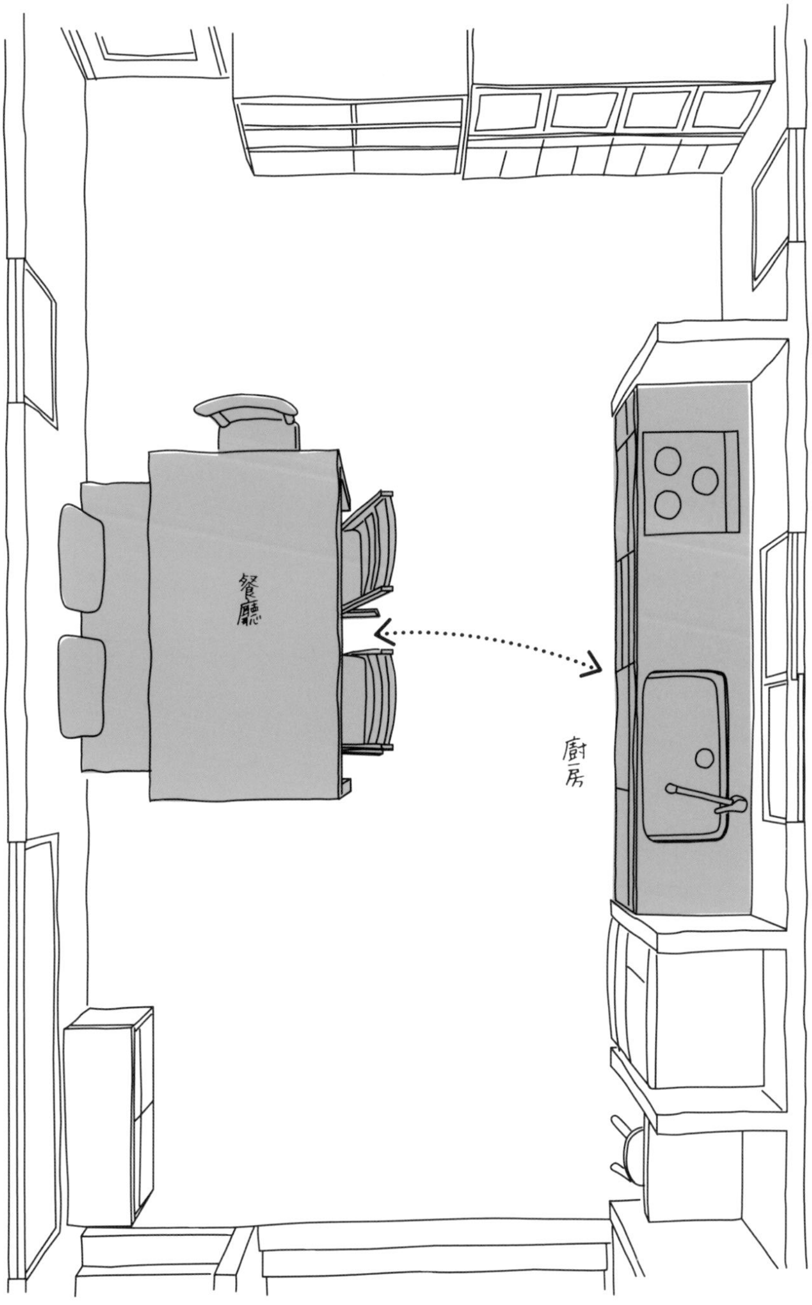

利用壁式 I 型廚房省出大餐桌的空間

以縱向延伸用地建造的狹長型住宅為例，由於餐廳＆廚房的空間緊湊，因此採用 I 型壁式廚房就有餘裕設置大餐桌。用餐時如需清潔，一轉身就是水槽，相當方便。

餐廳&廚房在一直線上的格局可以縮短動線

面對面的開放式廚房可以在作家事的同時留意家人動靜，因此深受歡迎。只不過要上菜或收拾善後就得繞過櫃檯，使得家事動線因而變長。

不妨選用結合流理台與餐桌於一直線上的直列式格局，讓廚房動線變短，出菜或餐後清潔都只要往旁邊橫向移動即可。直列式廚房同樣也具有對面式的優點，能夠與待在餐廳的家人自然產生互動。

由於從餐廳就能看見廚房，因此裝潢材質必須相當講究。材質是否易於清潔，是否合乎個人喜好，挑選時不妨衡量一下吧！

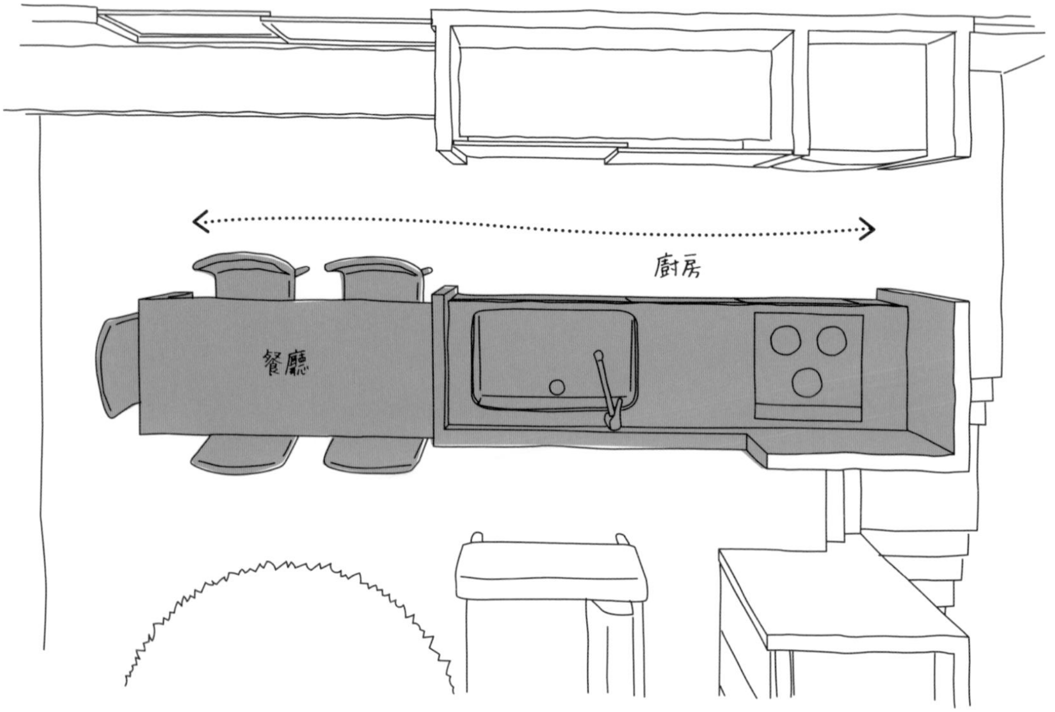

餐桌直接與系統廚具連結

採用高機能性的系統化廚具，並且將餐桌併為一直線的格局。一致的寬度給人俐落印象。家具之間的擺設位置只要多一分講究，就能讓現成的系統廚具更加方便順手。

拉近樓梯&廚房的格局 輕鬆迎接忙碌的早晨

清早起來，一下樓就先到廚房燒開水、按下電鍋的電源後，到盥洗室洗把臉、將衣服丟進洗衣機裡洗，再回到二樓叫孩子起床。像這種只要按下按鈕便能同步進行的家事，其實比想像中來得多。因此，每天早晨能否順暢進行「一心多用」的作業，也是左右生活便利性的關鍵。

要點是樓梯與廚房的相對位置。臥室位於二樓時，廚房與樓梯口的距離越近，作業動線越流暢。廚房若能與盥洗室相鄰最好，一早起來，家事與洗漱如能同步進行，可減輕不少日常壓力，但這點經常被眾人疏忽。

以最短動線連結二樓的臥室&廚房

走出臥室，下了樓梯就直通廚房的方案。備餐時也能跟位於二樓兒童房的孩子說話，相當輕鬆方便。此外，這條行經廚房通往二樓臥室的動線，還有增加家人間見面對話的優點。

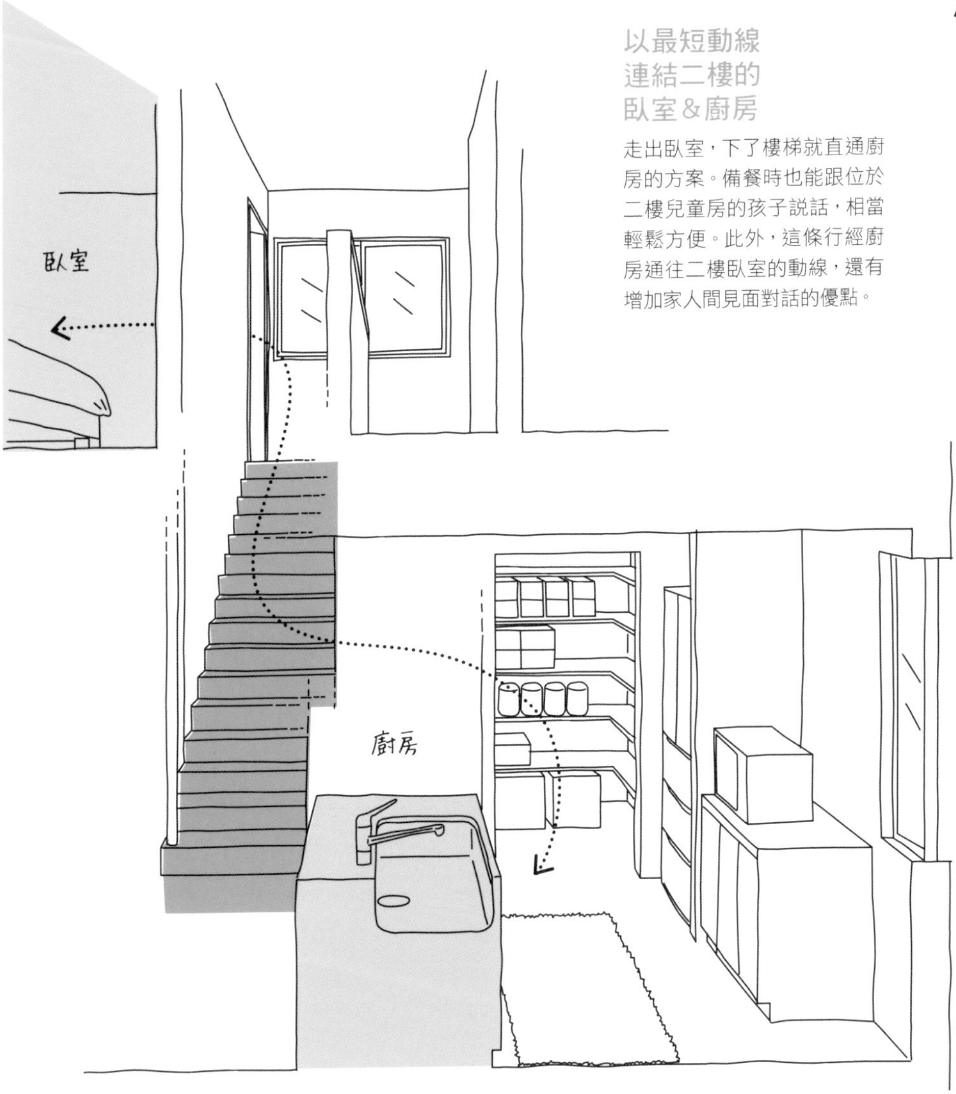

玄關可直通廚房 各方面都相當便利

玄關&廚房直接連通 生活更方便

這是從玄關進入屋子就直接通往廚房的格局。有訪客時，只要將廚房門口的拉門關上，就能清爽俐落的隱藏裡頭的模樣。日常採買回來可以直通廚房的動線，相當方便。

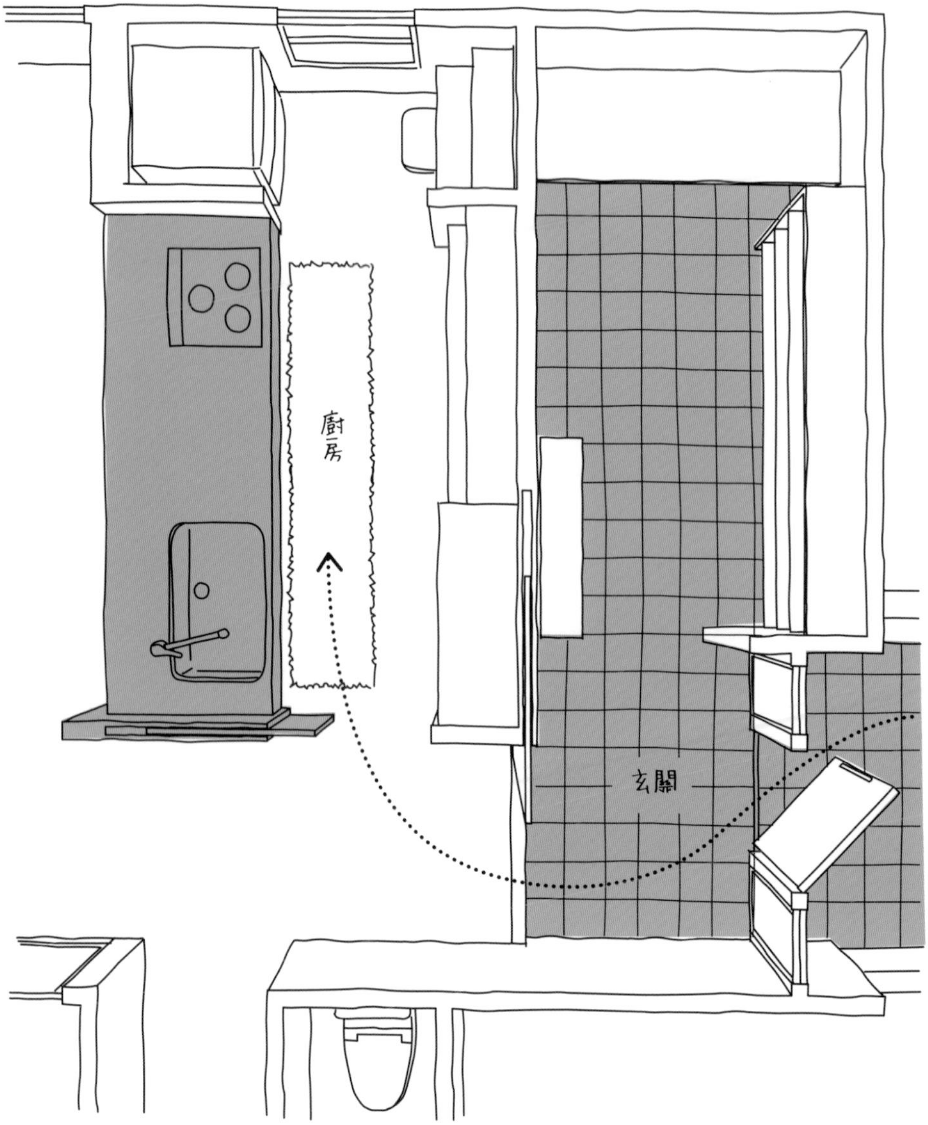

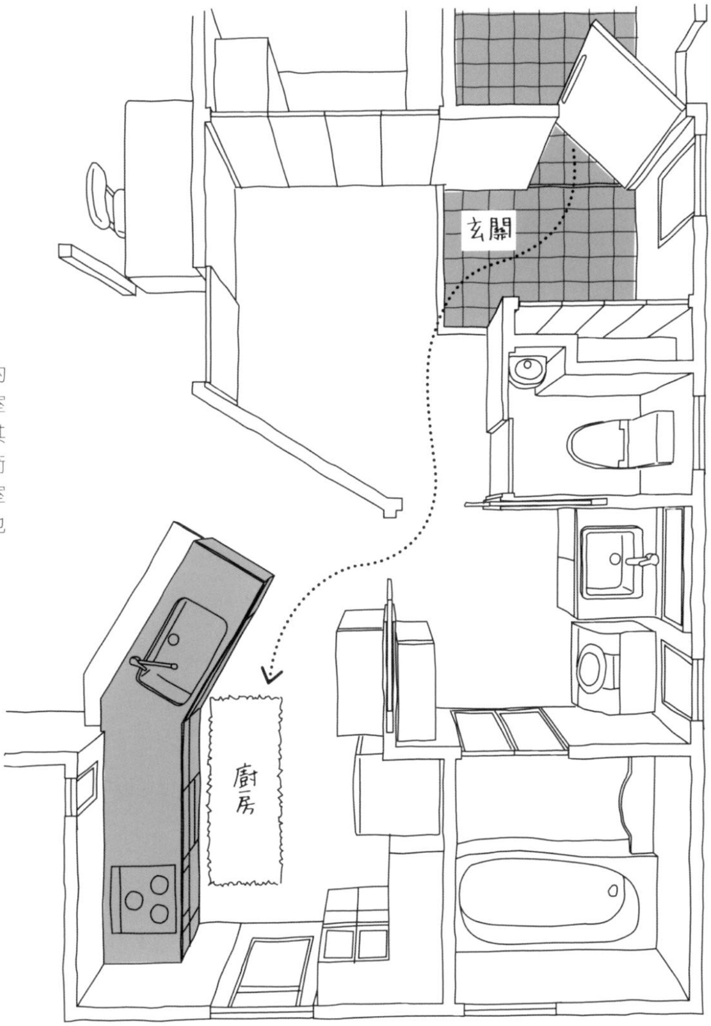

玄關～盥洗室～廚房之間的環狀動線

除了從門廳直接前往客餐廳的動線之外，也可以經由盥洗室通往廚房。即使家有訪客，其他家庭成員也能自在地使用衛浴設備。打開客廳拉門可讓室內通風良好，拎著東西走動也很順暢。

以玄關經由客餐廳再到廚房的格局為例，日常採購回來時，提著物品到廚房的動線一定比較長。此時客餐廳如有訪客，就得與客人打照面，有時候還挺尷尬的。

客廳・餐廳・廚房設置在一樓時，若是可以確保由玄關直通廚房的動線，便能避開這種窘境。最理想的狀態是客餐廳與玄關之間也設置相通的出入口，打造出所有人皆可自由進出的動線。不過必須留意的是，出入口變多意謂著可用於收納的牆面會相對減少。

或者也可以在廚房另外設置對外的出入口，這樣從車上卸下的物品就能直接拿進廚房。即使上了年紀，依然方便輕鬆。

常用物品以開放式置物架收納拿取更方便

兼具展示&收納機能的開放式置物架

此為餐廳採用開放式收納的住家。除了喜愛的餐具，咖啡機與微波爐等家電也挑選富設計感的款式，既實用又美觀。平常使用的餐具則是收納於下方的抽屜。

從收納空間拿取東西時，必要的一連串動作不外乎「打開或拉開櫥櫃・尋找・取出・關上」，歸位時的順序也幾乎相同。若能省略這些步驟，作起家事也會輕快不少。

尤其每天會用上好幾次的烹飪器具或調味料，單是擺在伸手可及的地方就順手許多。這種時候，開放式收納的置物架便派得上用場。只要將置物架的深度設計得淺一些，避免重疊擺放的物品就能讓人一目瞭然，方便拿取或歸位。在展示心愛器具的同時也能享受收納的機能性。除了廚房之外，不妨也在客人視線範圍內的餐廳裝設開放式置物架吧！

下廚更有效率 外觀也 俐落清爽的 拉門式收納櫃

容量超大的收納櫃
關上拉門即成「牆」

與流理台連結為一體的餐桌深處，牆面設置成大型壁櫃，除了擺放餐具及烹飪家電外，還可收納垃圾桶及生活雜貨。只要關上三扇收納櫃的推拉門，廚餐廳的空間立即顯得清爽簡約，輕鬆丟開「整理壓力」。

直列式廚房或中島型廚房都是容易讓家人與客人產生互動的格局，即使在廚房內作業也不會產生孤立感，因此近來深受育兒家庭的青睞。但是這個與獨立式廚房不同的特色也有缺點，亦即從餐桌就可以看盡整個廚房。若廚房的所有收納櫃皆為門片式，空間會顯得格外清爽。相對地，將常用的烹飪器具或調味料置於開放式收納架，會讓下廚變得更有效率。兼具門片式收納與開放式收納兩者優點的，就是大型的拉門式收納櫃。

舉例來說，將廚房的一片或部分牆面改成拉門式收納櫃，下廚時只要將門拉開，便可隨手拿取所需物品。用餐時輕輕將門關上，收納櫃彷彿變成一面牆般清爽簡約。亦可將部分收納櫃設計為備餐台或上菜空間。突然有訪客登門時，只要關上拉門就是整潔的待客環境，不用擔心顯露出雜亂的生活感。

即使家庭生活型態產生變化也可因時制宜對應的廚房收納

打造廚房的收納空間時，若是過於拘泥當下擁有的餐具、烹飪器具及調味料的量・大小・種類來規劃，將來恐怕無法彈性因應生活方式的改變。

誰都無法預測生活方式或個人嗜好會在未來產生怎麼樣的變化。將來說不定會迷上烘焙點心或醃製醬菜，這時若有多餘的空間可以容納器材或保存容器，便不用再為收納空間傷腦筋。在收納櫃或流理台下方預留一些開放式空間，不作過多的隔間，如此一來便能彈性應付未來的變化。廚餐廳一體的開放式廚房，盡可能將死角般的空間預留出來即可。

流理台下方成為自由運用的開放空間

流理台下方不設任何抽屜，形成開放空間，如需裝設洗碗機時，也只要將機器嵌入即可。其餘空間可以活用為食品或蔬菜的儲存暫放區。

可開啟式天窗
不僅採光佳
通風效果也好

由於房子北側面對著鄰居，因此不在牆面開設窗戶，改以天窗取代。油炸時只要打開天窗就能排出油煙。明亮清爽的廚房，最適合假日時親子一起製作點心了。

只要裝設天窗 採光不佳的北側廚房 亦能通透明亮

由於最近流行將客廳・餐廳・廚房設計成一整個開放的室內空間，過去住宅常有的——被孤立於北側，顯得寒冷陰暗的廚房格局日趨減少。儘管如此，一般規劃時還是優先將採光良好的位置作為客餐廳，廚房仍設置於北側。房子後面若有別棟住宅時，有時並不方便在廚房裝設窗戶。碰到這種情形，只要裝設一扇天窗，便能擁有一整天都充滿陽光的廚房，作業時心情也會跟著開朗起來。可開啟式的天窗還能發揮通風散熱的換氣效果。廚房若成為明亮宜人的舒適場所，親子便可在這裡一起手作點心、假日與朋友共享料理的樂趣，生活更加多彩多姿，最適合希望廚房成為「充滿樂趣」之人使用的廚房。

如果沒有辦法在廚房開設天窗，不妨改在流理台兩端裝設小窗戶，對於改善採光及換氣都有不錯的效果。

增加檯面深度
讓下廚變得更有效率
還可代替餐桌

利用吧檯椅
營造酒吧般的
餐酒吧檯氛圍

開放式廚房的半島檯面朝客餐廳方向延伸，再放置數張吧檯椅，營造酒吧吧檯般的氛圍。由於檯面延伸部分與水槽之間沒有擋水板，無論出菜或清理都很方便。

廚櫃檯面若是比一般制式規格來得寬深，下廚時便可將預備好的食材及用具並排於前方，料理完成時還可當作配膳台使用，讓烹飪變得更有效率。享用早餐等輕食時，也可以取代餐桌。只要將廚櫃檯面朝廚房的內、外兩側延伸出去，坐著的雙腳便可以置於檯面底下，輕鬆又舒服。當作餐桌使用時，不必將料理端來端去，直接上菜的方式也比較輕鬆；家人幫忙收拾也是順手可為，毫無負擔。身在廚房作業也能夠與坐在吧檯的人自在聊天，適合重視家人互動，或想招待朋友輕鬆用餐的人。

對於樓層坪數有限的住家，不妨在規劃階段就決定將檯面加寬加深，直接捨去餐桌。如此一來，不但不會顯得狹窄，反而能夠打造出寬敞大方的廚餐廳。

寬鬆有餘的檯面
宛如「自家和室矮桌」

拓寬廚房檯面兩側的深度，使其兼具餐桌機能的設計。大人坐椅子上，孩子則安置於舒適的榻榻米椅上，和樂融融圍坐用餐的模樣，彷彿置身和室矮桌場景。

天然材質的廚房其實意外的好整理

選用天然素材作為內裝的廚房，無須維護得像新裝潢般亮晶晶，依然能夠展現出別具特色的風情。

例如在瓦斯爐周圍的壁面使用素燒磚，油汙會自然地滲入素燒磚，幾乎不用擦拭也沒關係。若選用現成的廚房面板，一旦髒汙就會特別明顯，必須經常清理油汙。然而素燒磚屬天然材質，調味料及食用油也屬天然素材，即使油汙滲入素燒磚也不會那麼明顯。

長期使用下來，素燒磚的確會變色，但是給人的印象與其說是髒，不如說更具風情特色。除了素燒磚之外，天然原木也會因刮痕或油污而增添韻味，屬於會隨著時間留下耐人尋味變化的建材。

使用舊磚瓦為廚房增添古樸質感

瓦斯爐周圍採用上海老舊建築物拆除下來的舊磚塊，微妙的灰色調顯得優雅美麗，即使煙熏火燎也不明顯。流理檯面則是使用大型磁磚減少接縫，方便清潔擦拭。

彷彿挑選喜愛的家具般 以室內軟裝的感覺進行設計

餐廳與廚櫃檯面以相同木材展現家具般的協調感

廚餐廳訂製的木作長桌，與廚櫃檯面選用同樣的日本櫻樺木。運用原木的「不規則邊緣」，製作出富有個性，宛如家具的流理台。搭配裝飾梁木，讓整體空間協調一致。

大量使用木材營造居家自然風的餐廳&廚房

廚房上、下櫃與餐廳的木作矮櫃選用同樣的木材，藉由材質統一空間。整個流理台以角材包覆成橫紋狀，形成畫龍點睛的裝飾。特意捨去流理台上方吊櫃的空間顯得清爽簡潔，讓廚餐房宛如一個整體空間。

規劃廚房時，到底應該重視哪些細節呢？是否易於收納或歸整清理、烹飪的動線是否流暢、設備是否容易維護……這些細節確實重要，不過既然是自地自建的住宅，豈不正是實現「夢想廚房」的好機會！何不改變一下設計構想，著重於廚房的裝潢呢！

例如，若是打算使用客製化廚具，不妨挑選家具般採用自己喜愛的材質或顏色，並且連同中意的餐桌搭配性一起考量。挑選系統化廚具時也一樣，最近由於開放式客餐廚一體的公領域格局備受青睞，與室內裝潢完美融合的時尚系統廚具也紛紛上市。營造出讓自己舒服靜心的室內空間，會更加享受待在廚房的時間。

空間限制較多的小型住宅不妨考慮採用客製化廚具

系統化廚具常年致力於機能性及方便清潔維護的研發，因此消費者也對系統廚具廠商深感信賴，令人安心亦是優點。但要是認為系統化廚具就能解決一切，有時候反而會讓家中空間顯得突兀，這點必須特別注

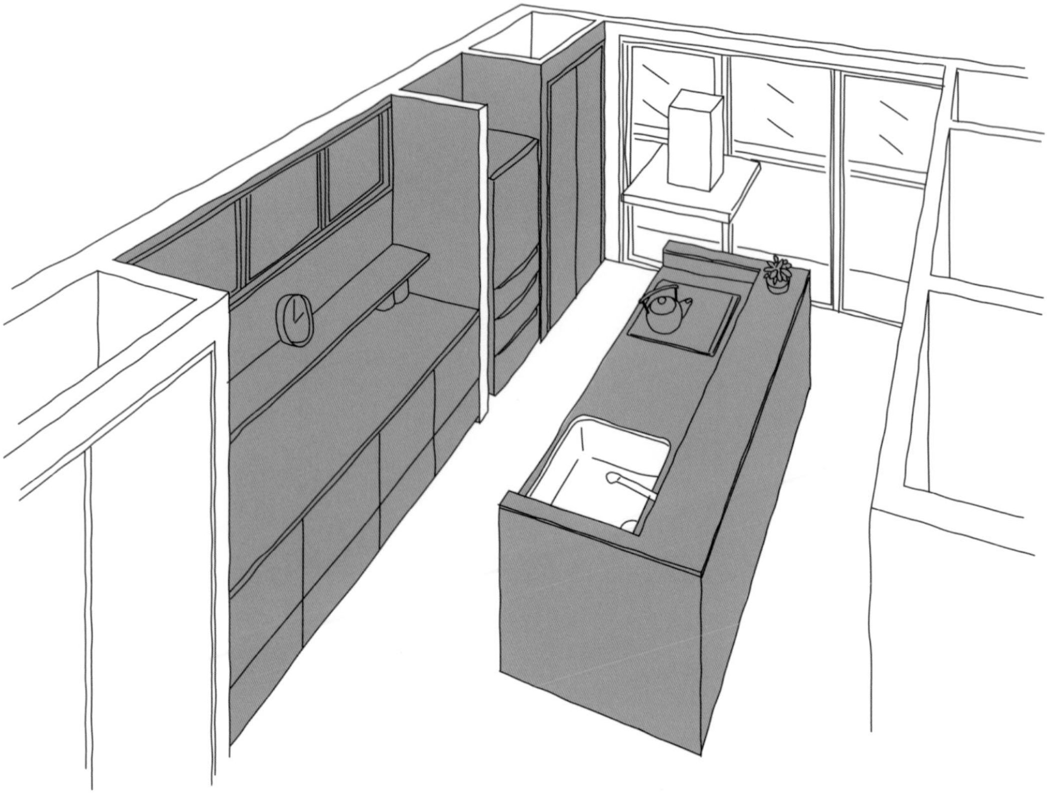

客製化廚具的配置
讓狹長空間更加便利順手

在中央設置中島型流理台因應細長用地的形狀，讓動線形成圍著中島繞一圈的迴遊模式。沿牆面設置了及腰的廚櫃，減少壓迫感的同時又能預留充足的收納空間。中島下方設有方便收納的深型抽屜。

意。

房屋為小型住宅或位於非方正的用地，導致沒有足夠空間容納系統化廚具，或找不到符合的廚具來打造心目中的廚房時，不妨考慮客製化廚具。客製化廚具聽起來相當吸引人，但似乎很昂貴的印象也不禁讓人卻步，不過只要挑選簡單的款式，價格其實會比選用高級設備與奢華材質的系統化廚具來得划算。無論是櫥櫃門片或流理檯面等，近來價格適中又富時尚感的材質類型紛紛上市，請務必考慮看看。客製化廚具最大的優點，在於能夠完全配合廚房量身打造，不會浪費任何空間，風格上也容易與其他居室融合協調。

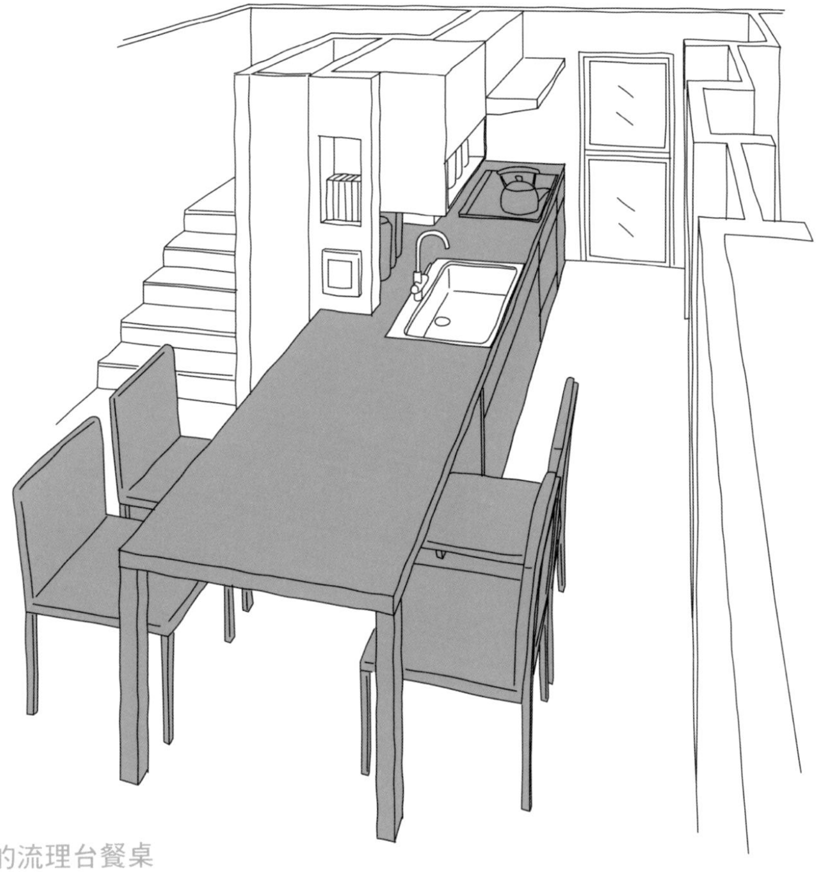

一體成型的流理台餐桌
高效節省空間

此為建於狹小用地的住家實例，廚房採客制化設計的精簡空間。瓦斯爐與水槽連成一線的流理台，直接延展化身為餐桌。作業起來事半功倍的短動線為其優點。

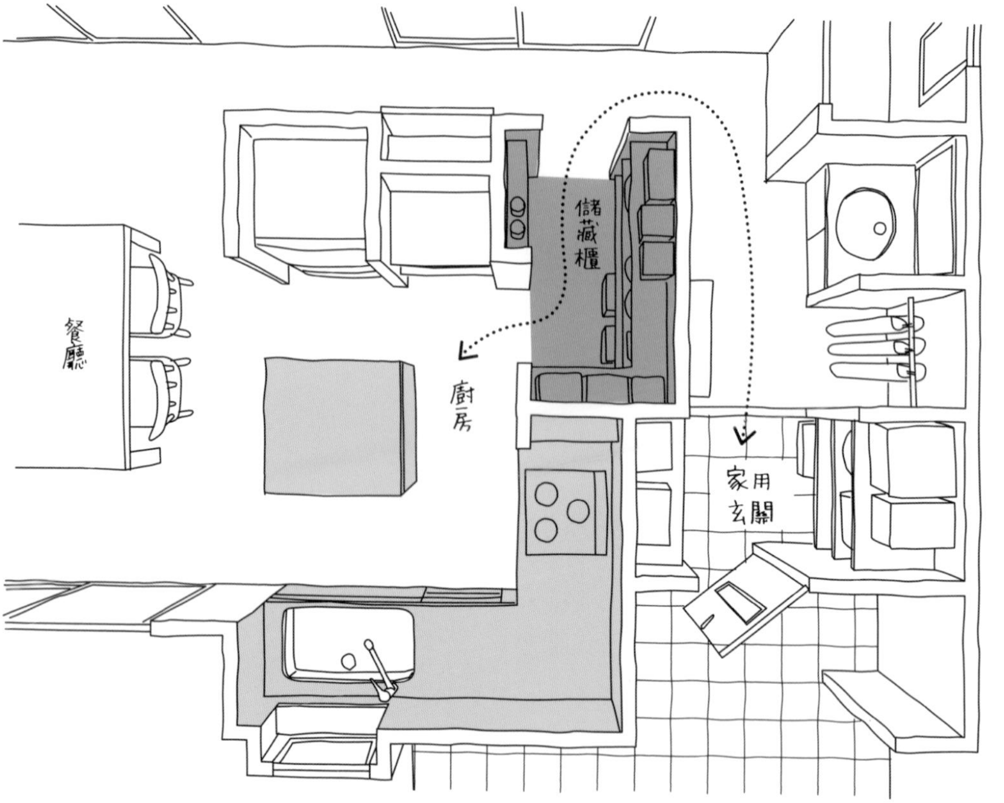

走道型儲藏室
人與風都進出自如的道路

儲藏室設置於玄關通往廚房的動線上。不設門片的設計有助於自然通風，而且拿著物品也能進出自如。整個牆面皆為木作的開放式收納櫃，空間雖小，卻擁有大容量的收納能力。

加設餐廚儲藏室
日常行事更加遊刃有餘

收納於廚房的物品除了隨時用得到的食材、經常使用的烹飪器具及日常餐具之外，還包括儲備食材、砂鍋等季節性烹飪器具、待客用餐具等。若是能夠加設一間餐廚儲藏室（食材庫），便能輕鬆收納這些備用物品。尤其是開放式廚房，擺放在外的東西一多就會顯得雜亂無章，擁有倉庫般的儲藏室能讓廚房井然有序，減輕作家事的心理壓力。規劃重點是將儲藏室設置於客餐廳看不見的死角，亦可裝上拉門。除了選擇廚房近處，如果同時也能位於走道旁，採買罐裝啤酒等重物回來時，就可以順路收納整理。

餐廚儲藏室之外，亦可視需求改換成燙衣或使用電腦的家事間。作家事之餘，也可以放鬆的喝個茶、上網，稍微休息一下。

多點巧思設計動線 進一步提升家事間的功效

位於廚房深處的家事間，具有下廚同時一邊使用電腦查詢確認的機能性。而且直接與玄關落塵區連結，無須繞過餐廳即可直達廚房，無論是收放採買物品，還是外出倒垃圾都很方便。

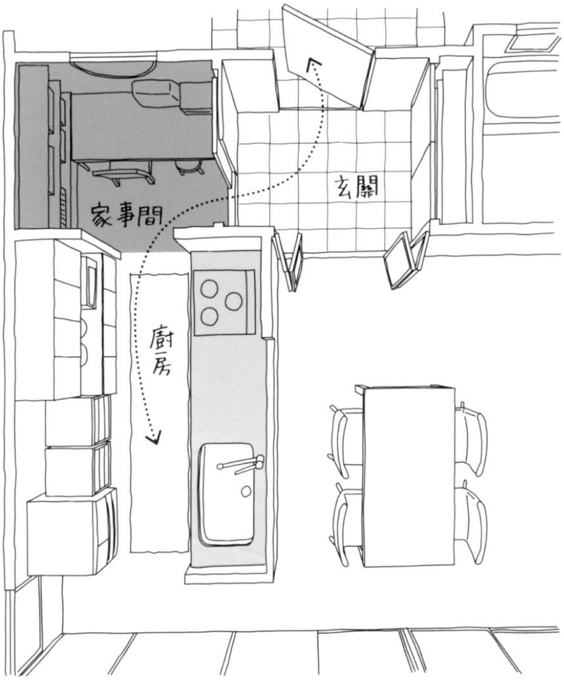

在廚房旁邊 設置工作區&儲藏室

廚房與家事工作區之間不設門扉，開放式的設計確保行動順暢，並且利用短牆營造出宛如半開放居室般沉靜愜意的空間。完全貼合牆面的木作書桌，寬大桌面可以讓人充分沉浸於個人興趣之中。工作室的後面就是一間儲藏室，各方面都設想周到！

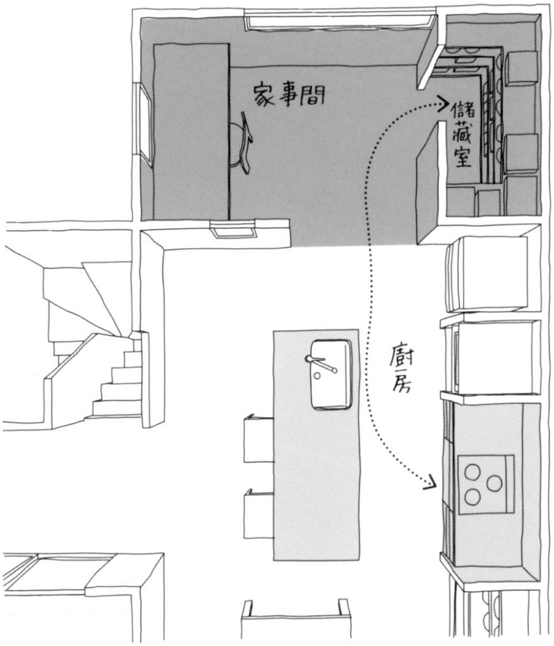

位於二樓的廚房
外側必備一個小陽台
是設計格局的不二法則

為了擁有絕佳的室內採光，有時候反而會將客廳・餐廳・廚房等核心區域往上移到二樓。當廚房位於二樓時，必須優先規劃的，其實是垃圾箱的位置。一樓的廚房可以隨時將垃圾拿到室外，但是二樓的廚房就沒那麼方便。垃圾一直擺在廚房不但會有味道，而且容易招來蟲子。

將小陽台設置在廚房出口處，不僅可以將垃圾暫放於此，也可以擺放沾有泥土的蔬菜，晾曬廚房布巾、篩網、砧板等用品，用途十分廣泛。打開門便能讓充滿熱氣與味道的廚房通風換氣，因此不妨選擇裝有紗網的門扉。一般會避開陽光直射的位置，將小陽台設於北側或東北側。空間小也無妨，要留意的重點是，別讓外人窺見整個陽台。

既可擺放垃圾又能通風 一舉數得的廚房側陽台

二樓為客餐廚開放式格局的住宅，廚房一側設有小陽台，由於位置是在客廳看不到的死角，因而作為垃圾箱擺放處。只要裝上紗網，夏天就能打開門促進通風。

打開地窗 就能丟垃圾的格局

在垃圾箱專用的小陽台裝設了地窗。窗戶剛好是方便丟垃圾的高度，而且從廚房放眼望去，垃圾箱一點也不顯眼。地窗上方為餐具收納櫃，充分利用了立體空間。

最理想的家務作業狀態是經過就能順道收拾

一年用不到幾次的物品就算置於倉庫或儲藏室，必要時再拿取也無妨。但是每天都要使用的類型，比較適合收納於「經過就能順道拿取、收放」的地方，不用再翻箱倒櫃逐一找尋。

舉例來說，衣帽間除了設置於臥室，亦可連通走道，如此一來拿取東西就不需經由臥室，既省事又方便。客餐廳經常使用的零星生活用品也是，若是能收放在家人平常所待的空間，或走動之間便能取得會很方便。將家人的動線與收納習慣一併列入，考量「走到這裡可以收拾哪些物品」、「怎麼安排比較方便」是規劃時的重點。

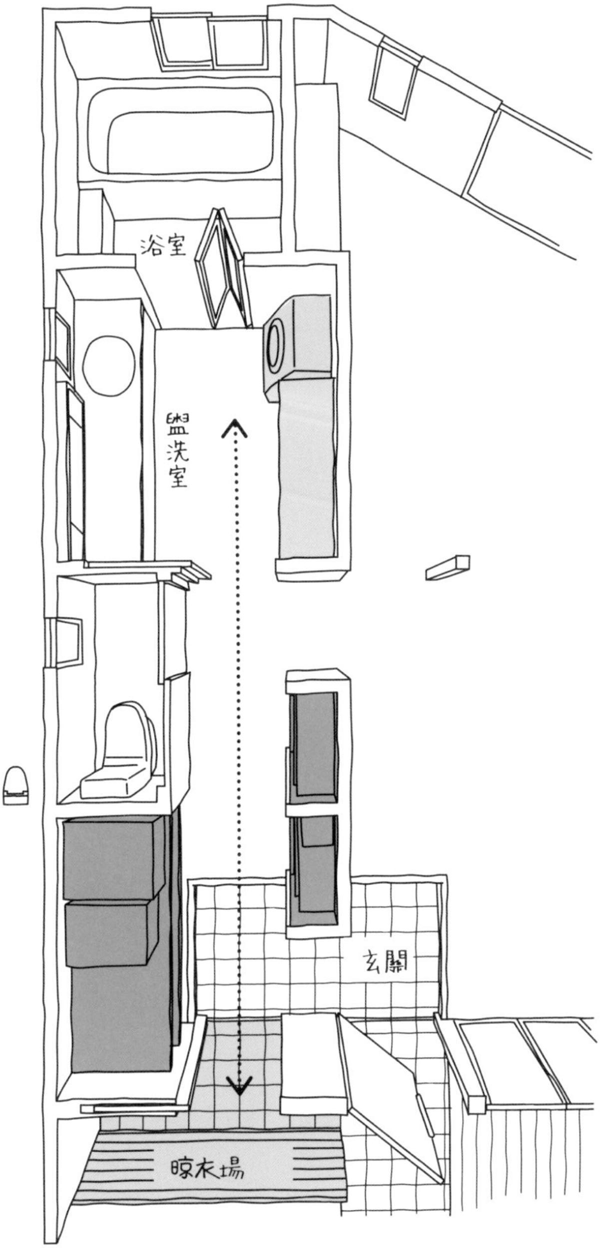

以玄關為起點的動線 沿途設置收納櫃&衛浴設備

圖例是將收納巧妙融入生活動線的住宅。外出回家，一進門廳便可將外套等收進櫥櫃，接著走到盥洗室洗手或將衣物丟進洗衣機裡。處理完這些雜事，再一身清爽的走進客餐廳休息。

用水設備集結於一個區域輕鬆同步處理家務

想要高效處理家務的方法，就是「一心多用」，也就是同步進行。一邊烹飪或洗碗的同時，一邊洗衣服或協助孩子盥洗、洗澡，如此便能減少一點手忙腳亂的時段。

廚房與盥洗室直接連通的格局，便能節省處理家務的時間。無論從廚房或盥洗室都能直通走道，就可以避免家人早晚洗漱時間在盥洗室前排隊等待的窘狀。廚房、洗衣機、洗手台在一直線上的設計也一樣，像這樣把家事空間集結在一起，便能輕鬆方便地同步進行。若有設置家事間的需求，不妨配置於廚房與盥洗室之間。

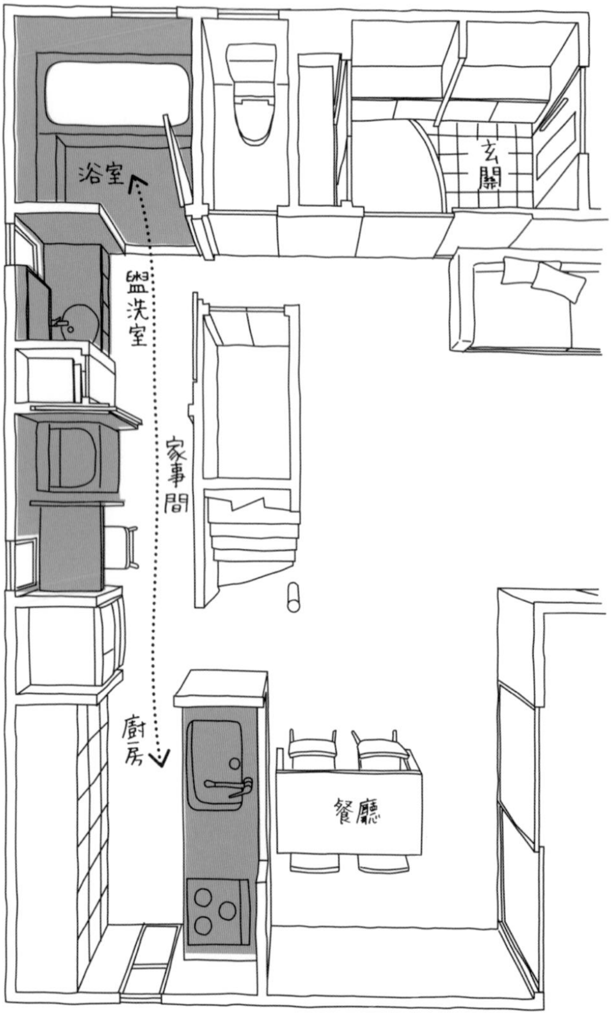

集結用水設備
有效縮短家事動線

圖例為廚房、放置洗衣機的家事間、盥洗室、浴室全部設在一直線的格局。料理、洗碗、洗衣、燙衣、記帳，以及幫孩子洗澡等家務，都能在這個角落完成。

洗衣、晾衣、收納 提升洗曬家務效率的格局

洗完的衣物含有水分，重量會比清洗之前還要重，洗衣機在一樓，晾衣場在二樓的格局，就必須提著變重的衣物到樓上晾曬。

若想避免搬上搬下的負擔，這時就應該跳脫「洗衣機置於盥洗更衣室」的慣例，改將洗衣機設在晾衣場近處。在陽台旁邊設計一個裝設洗衣機的場所，洗衣機與晾衣場之間的距離就能縮到最短，衣服洗好之後便能立刻拿到晾衣場晾曬。

如果曬好的衣物也是收納在同一樓層，就可以連同收納衣物的動線一起縮短。談到洗衣，如今只要按下洗衣機的按鍵就能自動清洗，因此與其在意「在哪裡洗」，還不如著重於「要在哪裡晾乾？晾乾後又要收到哪裡去？」

洗衣間直通晾衣陽台 縮短家事時間

圖例為，在二樓設置洗衣機及晾衣用陽台的格局。陽台同時連通臥室與洗衣間，洗完的衣服可以直接在臥室燙整、摺疊，再收進兼具衣櫥機能的收納空間。全家人的衣服都一起歸整於此，減輕收納的負擔。

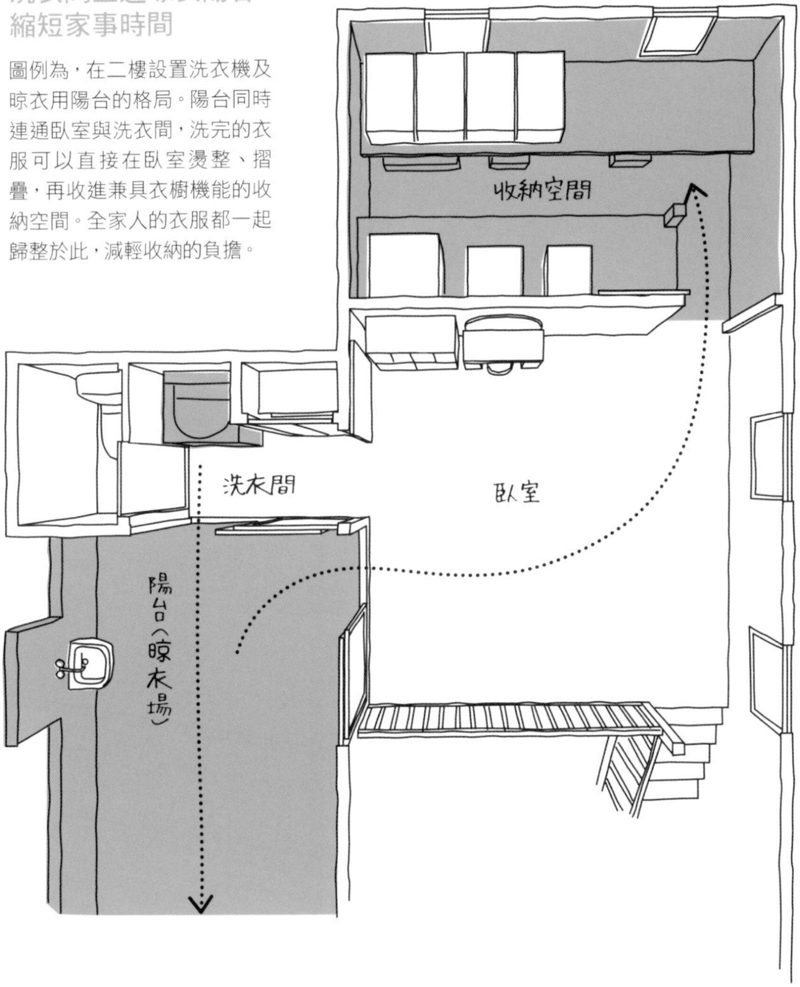

有它更方便的室內晾衣空間

遇到室外無法晾曬的時期，衣物要晾在哪裡？對於雙薪家庭及家有花粉症過敏患者的住戶而言，這是個實際又迫切的問題。若沒有事先規劃，室內的窗簾軌道可能會掛滿整排衣物，形成不太舒適的潮溼空間。

規劃室內晾衣空間的重點，在於打開窗戶時的風向，通風良好才能有效晾乾。此外，最理想的狀態是將洗衣機及晾衣場整合成一間洗衣間，也可利用加裝橫式採光窗或天窗的樓梯間及閣樓等空間。選用可以收納的晾衣桿或晾衣繩，不用的時候便能收起來，不占空間。

宛如日光溫室 令人享受家務時光的家事間

此為某雙薪家庭的洗衣間，是一個結合洗衣及室內晾衣機能的專用空間。打開窗戶，良好的通風能夠讓洗完的衣服迅速乾燥。宛如日光溫室的時尚空間，令人在處理家務之餘也能享受室內設計帶來的樂趣。

COLUMN

開關&插座

靈活規劃插座&開關的位置

隨著各種便利家電如雨後春筍般不斷出現，想要多安裝一些插座的要求也十分普遍，不過似乎都只在意數量，而不在意裝設的位置。開關或插座會因為安裝的位置，影響整體空間的美觀與生活便利性，因此不必拘泥於一般常見的固定位置，一起來尋找最貼近生活習慣的合適之處吧！

舉例來說，將廚房的照明開關與插座一起設置於備餐吧檯，再併設熱水器電腦控制面板。需要在餐檯或餐桌上使用電烤盤時，插頭用電就變得輕而易舉，料理的同時也能輕鬆調節燈光或準備洗澡水。臥室開關則是建議集中於床頭，如此一來，就寢時就無須來回起身按開關。設置於牆壁上的開關，不妨安裝在離地一公尺的略低處，這個與門把高度齊平的位置，不僅會讓空間顯得簡潔俐落，坐著時也能伸手觸及，相當方便。

睡眠空間

想要一個和緩的睡眠空間，釋放一天下來累積的疲勞，亦是人們對住家的基本期望之一。此單元彙整了規劃臥室空間的關鍵要點，讓人人都能神清氣爽地迎接每個早晨。

規劃門窗等開口部時一併將換氣&防盜功能列入考量吧！

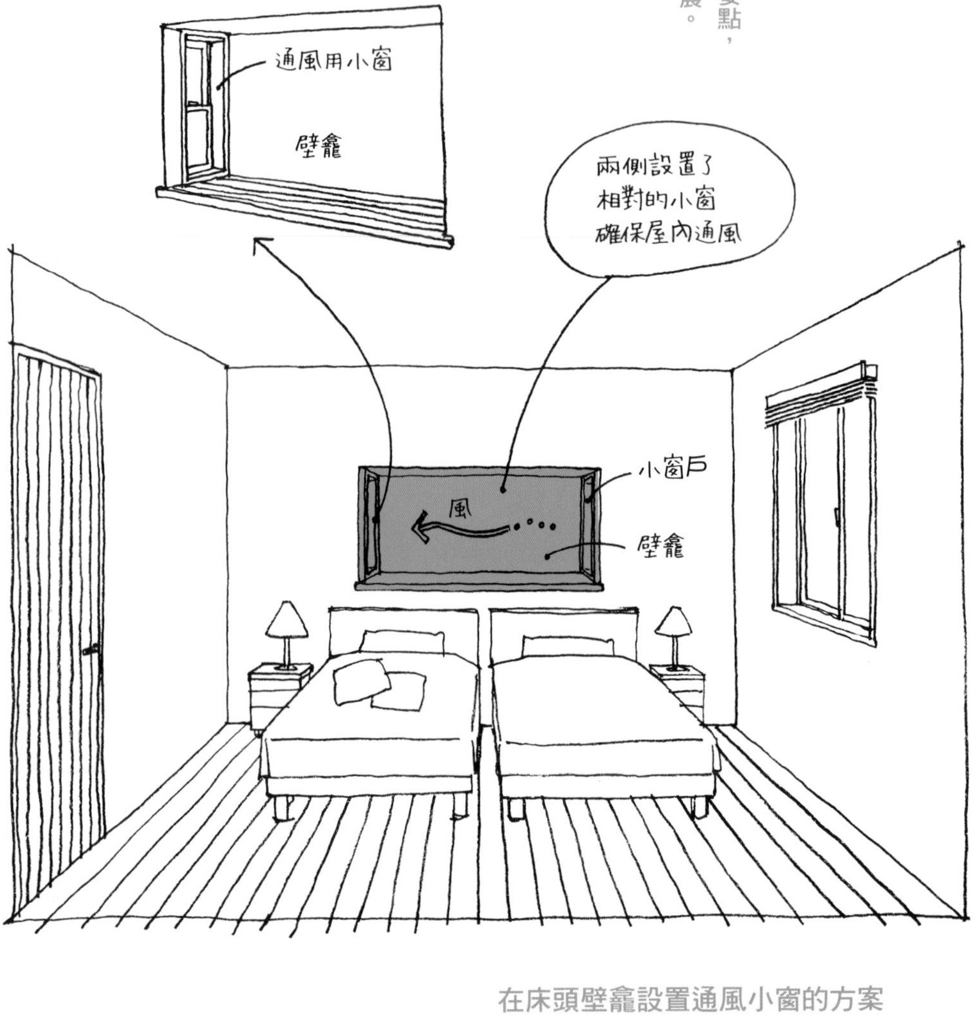

在床頭壁龕設置通風小窗的方案

在床頭牆面設計一個內凹的壁龕，並在兩側安裝上下推窗。白天不會像大型外推窗那樣帶來令人感到刺眼的光線，到了夜晚，窗戶依然能夠開著保持室內通風。窗戶雖小，由於設置在相對的位置上，換氣效果依舊不減。

臥室的設計首重通風而非採光。不妨安裝安全性較高的窗戶，以盛夏之外的季節不須開空調，打開窗戶便能安心休息為目標來規劃。

尤其是臥室在一樓的格局，重點關鍵更是挑選具有強大防盜功能的窗戶。選擇百葉窗或狹長型推窗這類外人無法進入的窗型，比較令人安心。

亦推薦在床頭裝設通風用的小窗戶，藉由百葉窗調節採光等方式。或者在靠近天花板的地方裝設橫長型採光天窗，位置較高的窗戶，外人同樣難以入侵，引進的光線也較柔和不刺眼。窗戶不要集中在某一處，還必須設置出風口，讓吹進來的風產生對流，才能達到通風的效果。

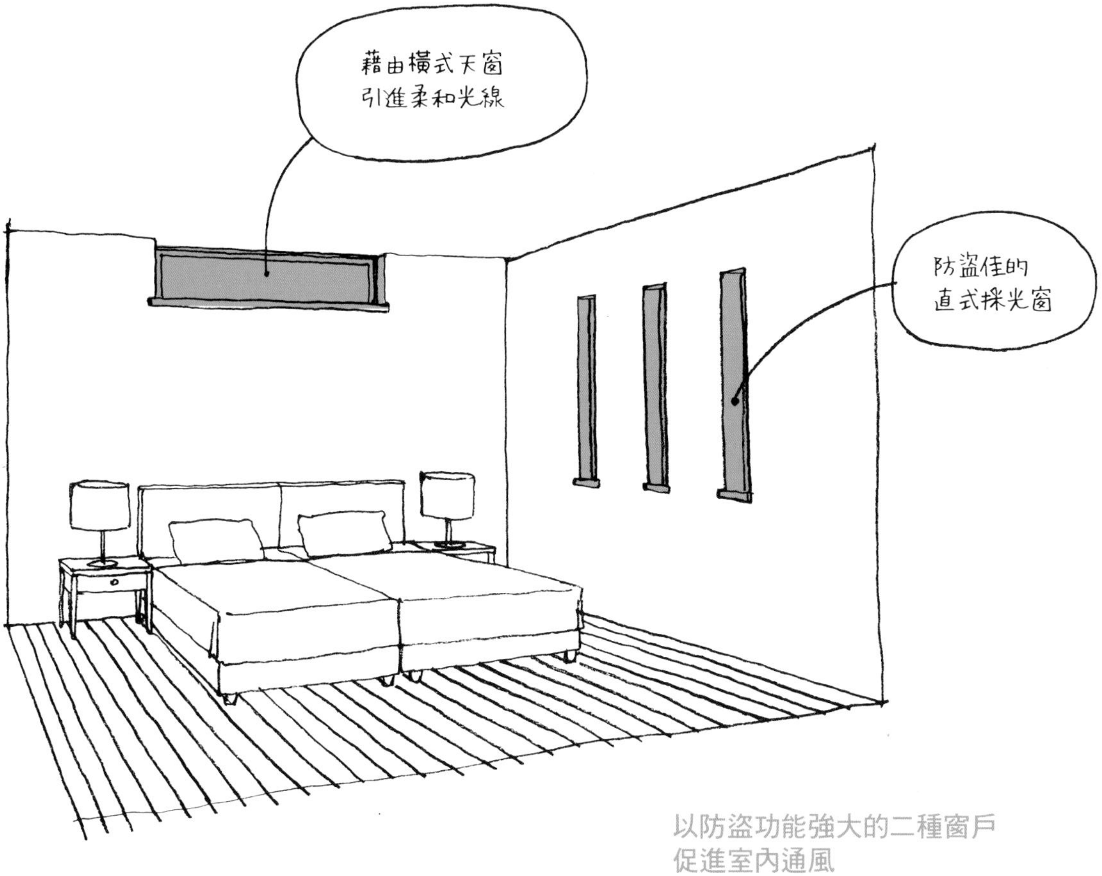
藉由橫式天窗
引進柔和光線
防盜佳的
直式採光窗

以防盜功能強大的二種窗戶促進室內通風

此為一樓臥室的實例。牆面裝設外人無法進入的直立式採光窗，床頭上方則是安裝了橫式天窗。不僅防盜效果佳，且兩個方向的窗戶也帶來了流通的清新空氣，打造出舒適睡眠空間。

床頭兩側分別擁有一盞獨立控制的燈具

床頭兩側分別設有一盞方形壁燈，且各自擁有一個開關控制面板，即使躺在被窩裡也可輕鬆開關。由於是光照區域有限的燈具，因此不會影響睡在一旁的家人。

照明計劃應該配合床舖所在規劃安裝位置

不像兒童房需要因應孩子的成長，時不時進行變動，主臥室是一個不太會去重新布置的空間。設計時若能先行決定床鋪或日式床墊的位置，再依據床的位置規劃照明，即可設計出使用順手方便，光照柔和的舒適空間。

以枕邊的壁燈為例，如果夫妻身邊各有一個控制開關，無論是想窩在被子裡看書，還是半夜起身上廁所都會方便許多。想要就近為手機或隨身電子產品充電的情況，別忘了一併安裝插座。

以天花板的崁燈為主要光源時，不要裝在床頭正上方，而是要設置在床尾處，開燈之時才不會感到刺眼。

床鋪&空調的位置也要一起考量才好打造舒眠空間

前一頁提出了將床鋪位置與照明計劃一同考量規劃的建議，除此之外，再加上床鋪與空調的位置一起進行配置吧！為了打造一個舒眠空間而安裝空調，但是冷風或暖風若直吹臉龐，不僅無法睡得安穩，還可能因此生病不適，因此請將空調設置於風向朝床腳吹去之處。空調的位置若不事先規劃，等到收納櫃及窗戶都就定位後，往往會被安排在床頭近處。若在意空調的存在感，不妨將空調安裝在收納空間的上方，再以百葉窗遮住即可。

另外，客廳或餐廳等公領域越是舒適寬敞，往往就得精省臥室的空間。在規劃家具配置時，也要預想一下床鋪與收納櫃、化妝檯之類的相對位置，否則可能會導致收納櫃的門片或抽屜不好開關。收納櫃的門片可選用較不占空間的推拉門。

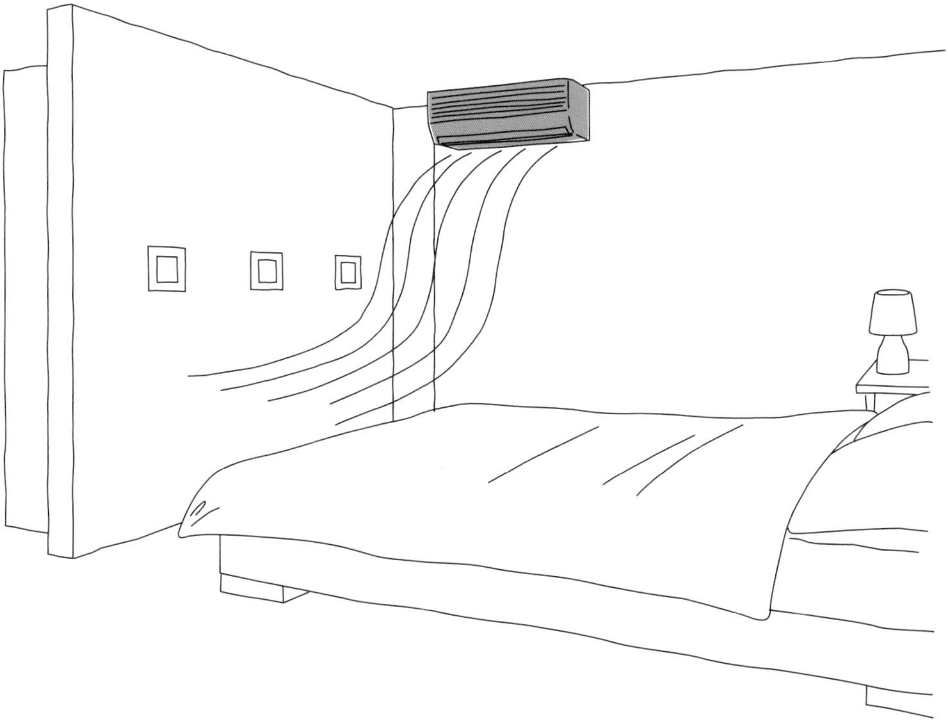

以空調位置為優先考量 窗戶或收納位置次之

將空調安裝於靠床尾的位置，讓風朝腳的方向吹。冷風或暖風不會直吹臉龐，因此可以睡得很安穩。空調的位置一旦確定，不管是要裝小窗戶或直立式採光窗，只要花一點巧思，便能為窗戶取得充分的空間。

燈光&窗戶位置
多費一分心思
換得舒適安穩的睡眠空間

飯店房間的照明，是十分值得居家臥室參照的範例。仔細觀察飯店房間的間接照明，會發現光源大多安裝於較低的位置。

放置著睡床或日式床墊的臥室，視線會隨之變低，整體空間下降的重心帶來放鬆的舒適感。因此燈具的安裝位置，不妨訂在低於身高的160cm以下。亦可以學飯店，在床底安裝地腳燈。窗戶要選擇避開光線直射床頭的位置，安裝於陽光灑進來也不會感到刺眼之處，才能營造舒適安穩度。此外，可藉由縮小窗戶及房門尺寸的方式，讓牆面擁有更多留白，產生被包圍擁抱的安心感。

在較低位置安裝
可調節採光的窗戶

在長窗內側設計了木窗板雨戶的溝槽，如此便可自由調節引進的光線量。由於這間臥室面朝北方，木窗板同時具有防寒效果。橫長型的窗外綠意盎然，可以感受渡假飯店般的氛圍。

天花板的設計也是影響臥室舒適感的重要因素

大方簡約具有療癒感的臥室

在單邊斜角天花板的高處，架設了一根裝飾粗圓木。待在臥室裡不僅能感受寬闊舒適的開放感，也能安心休息。講究素材的大片牆面，使用手工塗抹的灰泥。燈光照明之下，刷紋也隨著光影隱隱浮現。

躺在床上時，映入眼簾的必定是天花板。因此，天花板的設計對於臥房的舒適感有著很大的影響。

以上圖為例，在斜角天花板架上裝飾圓木讓臥室呈現通透寬敞之感。房間的氛圍宛如山中小木屋，也滿適合作為兒童房。如果臥室位於一樓，無法作出斜角天花板，只要讓部分天花板產生高低落差，或將床鋪上方的天花板拉高幾公分，視野便會產生變化，帶來令人放鬆的氛圍。相對地，也有人認為「天花板比較低的房間令人放鬆，睡得比較安穩」。由於環境舒適度的感受見仁見智，只要打造出令自己感到最舒適的睡眠空間就對了。

採光不佳的臥室
利用室內窗來改善吧！

採光良好的最佳空間，一般多作為核心領域的客餐廳之用，當用地條件有限時，臥室往往被安排在比較陰暗，或緊鄰隔壁外牆等條件較差的位置。無法如願安裝窗戶情況下，臥室當然會變得較為陰暗。雖然夜晚沒什麼大礙，但還是會希望清早或白天時能有光線透進室內。這時可以在臥室與相鄰空間的牆上裝設室內窗，運用這種方式將光線引入臥室，變得明亮。不方便安裝大型室內窗的場合，那就利用牆壁上方的空間吧！在靠近天花板的隔間牆上裝設橫長型天窗，讓適量的光線進入。空間有限的臥室往往較為封閉，藉由天窗延伸視線的方式，也能營造寬敞的感覺。

許多人選擇客廳上方不作天花板的挑高設計，二樓的臥室也圍繞著挑空部分與之連結，這時只要在臥室牆上裝設一扇毛玻璃室內窗，不僅採光會變好，還能與樓下的家人互動。

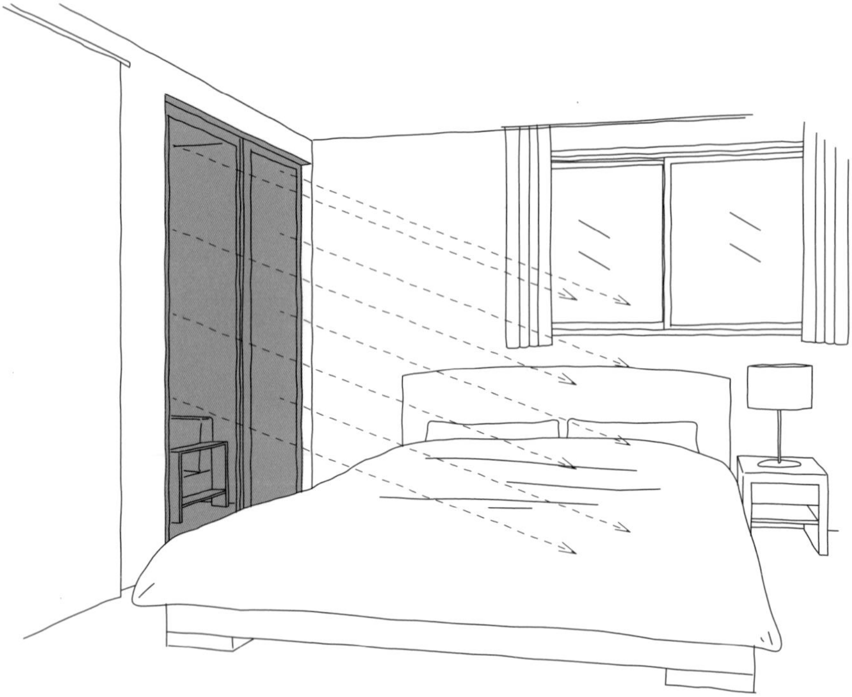

與朝南大廳間的大型室內窗

臥室旁邊為樓梯間，來自南方的陽光明亮溫暖，於是在隔間牆上裝設了毛玻璃室內窗，讓充足的光線透進臥室。裝設於牆面的大型落地窗，不僅引進光線，打開時還能通風換氣。

兼具採光&隱私保護一舉兩得的玻璃磚牆

臥室裝設大片落地窗雖然可以引進大量光線，讓室內顯得明亮通透，卻也不禁令人在意起外人的目光，這時可選擇將部分外牆改成玻璃磚的採光方式。選用玻璃磚打造牆面，從室外往內只能看見模糊的一片，因此即便居住於住宅密集區仍能保有個人隱私。相反地由內往外望時，由於景色朦朧，就算室外景致不怎麼理想，仍能保持好心情。清早會因臥室明亮而影響睡眠的人，不妨在玻璃磚牆前加裝遮光窗簾或百葉窗，睡前拉上窗簾或關上百葉窗，便不會因為刺眼光線而被喚醒。

玻璃磚不僅具有以上實用的優點，美麗的外觀更是值得採用的重點之一。白天經由玻璃磚灑落進來的陽光會產生優美的光影；一到夜晚，往外透出的室內燈光則是讓住宅外觀增添一分朦朧虛幻。在日常生活中，是一項能讓人感受光與影之美的魅力素材。

既美麗又實用的玻璃磚牆可說是一舉兩得

臥室不設隔間直接通往樓梯，樓梯間的牆面為玻璃磚牆。即便居住於人口密集的住宅區，也無須在意外人目光自在通行。不僅實用性高，也同時兼具飯店般的簡約俐落之美。

在北側屋頂裝設天窗 享受觀星&迎接旭日的樂趣

天窗灑落的光線
柔和映照在藍色牆面
神清氣爽的清醒時分

牆壁粉刷成淺藍色的臥室，位於北側的斜角屋頂裝有天窗。每天早晨，灑落的光線柔和地映照在藍色牆面，醒來時讓人感到神清氣爽。晚上可以仰望著滿天繁星安穩入睡，是極致的享受。

眺望著星空入睡，可以說是非常浪漫的情境，只要在臥室裝設天窗，便能實現這個願望。早晨被清爽的陽光輕輕喚醒，充滿朝氣地展開美好的一天。但是裝設在朝東或朝南屋頂上的天窗，朝陽或夏天的烈日便會直接灑進室內，因此記得將天窗裝在北側的屋頂上！即使天窗裝在北側，由於夏天天亮得特別早，因此清晨開始室內就會變得很明亮，對於習慣晚睡的夜貓子或早上想多睡一會兒的人並不適用。不妨根據個人喜好或生活習慣，斟酌是否裝設天窗吧！

此外，還有一種不常見的隙縫型細長天窗，但採光效果卻意想不到的好。將隙縫型橫長天窗裝設於臥室外牆，早晨之時，適量的光線會柔和優美地映照於牆上，讓人在恰到好處的溫柔光線中，舒服自然地甦醒。

在床頭設計一個壁龕即可輕鬆有序地收放日常生活必需品

時鐘、手機、眼鏡，睡前閱讀書本之類的枕邊小物，其實出乎意料地多。能像飯店般在一旁擺個床頭櫃，自然是再好不過，但大部分住家的臥室空間有限，不一定有多餘的空間擺放小桌或床頭櫃。這時最有效的方法，就是設計一個壁龕。只要利用牆壁的厚度設置壁龕，無須放置占空間的家具，也能擁有擺放居家小物的空間，床頭周圍亦可整理得井然有序。

習慣在入睡時替手機充電，並且放在枕邊作為早晨鬧鐘的人，建議在壁龕內規劃插座。夫妻的枕邊各設置一個插座會比較方便。若是將壁龕加長，除了可以擺放時鐘等生活必需品，亦可擺放相框之類的物品作為小小的展示空間。牆壁厚度足夠時，同樣可以設計深一點的壁龕，如此一來便能擺放檯燈之類較大的物品。

嵌入原木底板 打造床頭櫃風格的壁龕

在靠近床頭的底部裝設天然木板作為裝飾，充分活用原木與牆壁厚度的壁龕。特別加長等同床舖寬度的壁龕，不但可以在兩側設置檯燈，還有足夠的空間擺放其他生活小物，相當方便。

臥室旁的個人嗜好空間讓睡前的片刻時光更加充實

利用屏風牆隔斷
讓另一半睡得安穩

以屏風牆分隔床鋪與個人嗜好空間的實例。即使另一半已經入睡，燈光或電腦螢幕的光線在這樣的格局下也不會直接照射到床鋪，影響對方。壁掛層板式的書桌與書架，精簡又實用。

建造個人住宅時，希望擁有享受個人興趣空間的要求似乎不少。如果是不需要太大的場所，也不會產生很大噪音的興趣，不妨直接在臥室裡隔出一個小空間作為興趣專區，每天就寢前都能沉浸於自己喜愛的世界。

舉例來說，可以設置在臥室衣帽間的一角，或行經走道式開放衣櫥的地方。優點是離床近，一有睡意就可以迅速躺下就寢。雖然設置書桌或抽屜櫃等家具也可以，不過直接利用牆面，安裝壁掛層板風格的書桌與書架，就能以最少花費完成一個不占地方的趣味空間。

空間有限因而將嗜好空間設置在臥室時，要以不干擾另一半的睡眠為原則來進行格局設計。建議利用屏風牆等簡單方式隔斷個人空間與睡床，或是以拉門隔開區塊，盡量讓燈光或聲響的影響減到最低。

巧妙運用隔間材質的愛車欣賞區

使用聚碳酸酯的輕隔間牆隔開臥室一角，自成一區品味休閒之處。半透明的隔間材質不會給人壓迫感。落地窗外則是車庫。對於喜愛汽車的屋主而言，這個可直接從室內欣賞愛車的角落，是一個幸福空間。

和室臥房不可缺的設計重點
寢具收放是否輕鬆容易

「覺得日式傳統地鋪睡得比較舒服」，有這種想法的人出乎意料地多。睡覺以外的時間，和室可以另作其他用途是傳統地鋪的優點。設計和室臥房時，必須留意「寢具的收納」，重點除了預留足夠的空間擺放寢具，還要重視是否方便拿取。一般提到寢具收納都會想到日式壁櫥，不過寬與深都十分占空間的壁櫥會讓房間變得狹小，是其缺點。因此若是設計「懸空式壁櫃」，讓壁櫃下方留出空間，便不會給人壓迫感。

或者可以在臥室旁設計一個衣帽間，並且保留一個專門收納寢具的空間。收納一般衣物只需60 cm的深度，但日式寢具卻需要75 cm才足夠，因此規劃衣帽間時，建議將衣服與被褥的收納架分別獨立。這樣就能將寢具收納在衣帽間的入口處，方便收放。

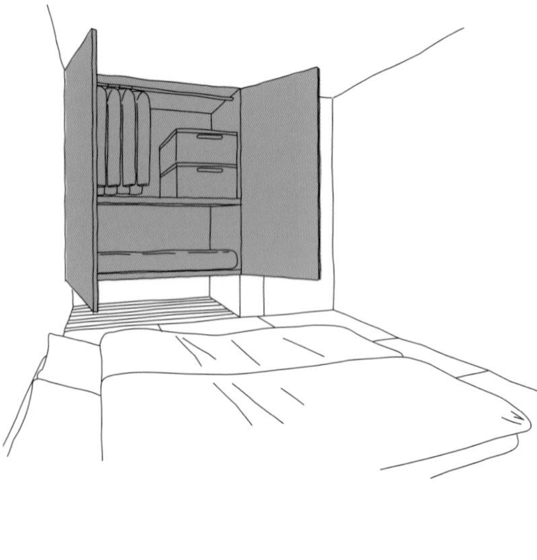

具有輕盈感的懸空壁櫃
亦可成為展演空間

下方「挖空」的吊櫃式壁櫥，不僅輕巧不帶壓迫感，而且也能擁有充足的收納空間。下方空間可以裝設間接照明，或在牆面裝設地窗，並且在室外設置小型景觀庭院，窗邊景致別有一番風味。以實用機能為主的壁櫥，只要花點巧思也能成為豐富生活的風雅空間。

在衣帽間入口
設置寢具專用收納櫃

在和室旁設計一個衣帽間，入口即是方便拿取寢具的專用收納櫃，櫃子特地依照日式寢具的規格，設置了足夠的深度。即便寢具櫃就在入口前，也不會妨礙推拉式門扉的開關。

COLUMN

寵物

與動物之間的關係，是寵物家庭設計時的主要依據。

規劃住家環境時，可從兩個層面考量如何與寵物愉快地共同生活。一個是「以人為出發點」營造舒適宜人的環境，例如設計一間寵物無法進出的廚房、選用方便打掃清潔，不易沾附味道的裝潢材質等。另一個則是「以動物為出發點」。尤其是喜歡跟著主人進出廚房或到處跑的狗狗，鋪設地毯就會比地板更適合，狗狗的腳跑起來會比較舒服，周遭沾有自己的味道也會讓狗狗感到安心。

規劃與寵物共同生活的居家環境時，最重要的是如何在這相反的兩個層面之間取得平衡，最終端看屋主與動物的關係。設計時當然是以人的舒適感為優先考量，不過若是抱持著寵物的幸福就是自己的幸福這樣的想法，不妨盡可能給予寵物一個無壓力的環境。

但是請別忘了那些會怕動物的客人，遇到這種情形可以將寵物隔開，讓牠在室內的某個角落活動，或者暫時將寵物放進籠子裡。

遊戲空間

對孩子而言，走道角落或樓梯底下都是充滿吸引力的遊玩場所。除了兒童房之外，也在家中規劃可以讓小朋友盡情跑跳的遊戲空間吧！

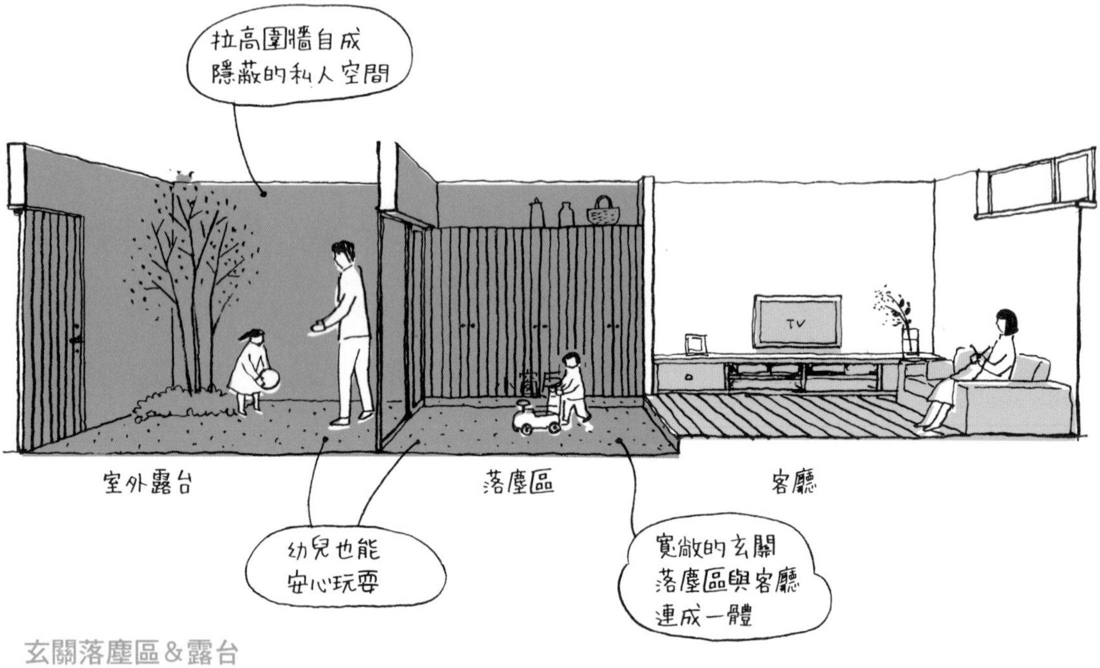

拉高圍牆自成隱蔽的私人空間
TV
室外露台
落塵區
客廳
幼兒也能安心玩耍
寬敞的玄關落塵區與客廳連成一體

玄關落塵區＆露台最適合小朋友的玩耍之處！

玄關落塵區與拉高圍牆的露台，是最適合小朋友嬉戲玩耍的空間。玄關入口處裝了四扇拉門，當拉門全部打開時，空間顯得格外開闊。充分運用了室內外相連的放大效果。

連結室內外的「中間地帶」為生活帶來樂趣

從這裡開始是室內，這裡是庭院」，將室內與室外界線分得一清二楚的格局，容易侷限在家，變成沒什麼機會到室外活動的模式。若是打造出一個讓大人和小朋友不自覺走向室外的居家環境，生活將變得趣味盎然。

這時推薦的設計關鍵，就是運用間接連結室內&室外的「中間地帶」。例如擁有屋簷的露台，既是延伸的室內空間，亦是開放的室外空間。可以穿著鞋自由進出的落塵區，同樣也是不錯的選擇。不用在意天氣便能享有接近戶外的感覺，想要怎麼玩耍都可以隨心所欲。亦可連結露台與浴室，打造自由進出的區域，這時候的露台便發揮了中間地帶的功能。

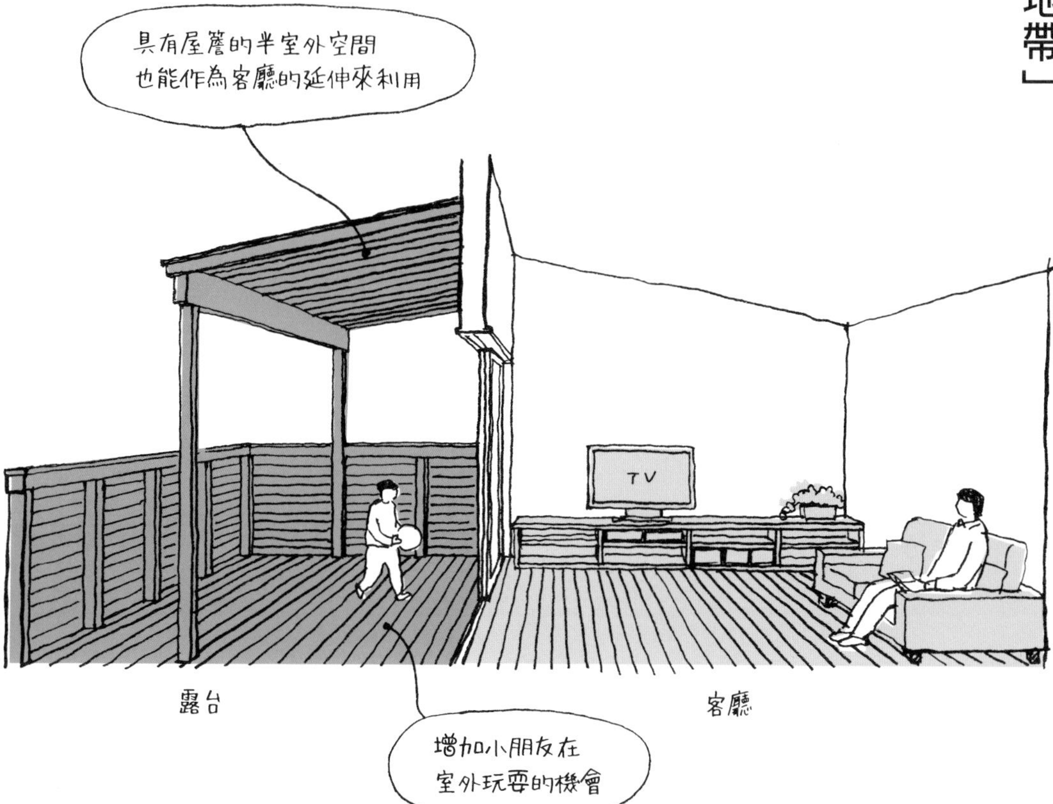
具有屋簷的半室外空間
也能作為客廳的延伸來利用
TV
露台
客廳
增加小朋友在
室外玩耍的機會

不用在意日曬雨淋的室外空間

客廳外面緊鄰著擁有寬大屋簷的露台，無論烈日當空還是下雨，都可以無須在意，享受開放感十足的室外空間。露台地面與室內地板相同的高度，亦是提升空間一體感的訣竅。

結合露台的環狀動線 讓孩子無拘無束地盡情遊玩

可以無止盡繞圈圈的環狀動線，小朋友會覺得十分有趣而樂此不疲。一旦通往某個目的地的動線有好幾條時，活動範圍也就充滿了各種可能性。以小孩子對空間的概念來說，有趣的動態活動空間或許比面積大小來得更重要呢！

即便環狀動線僅限室內格局，孩子仍舊可以玩得很開心。但若是在環狀動線中加上室外空間（平台及中庭等），活動範圍就會更加寬廣。這種沒有終點的環狀動線，不僅能讓大人在生活上無壓力地移動，也兼具提升採光與通風效果。

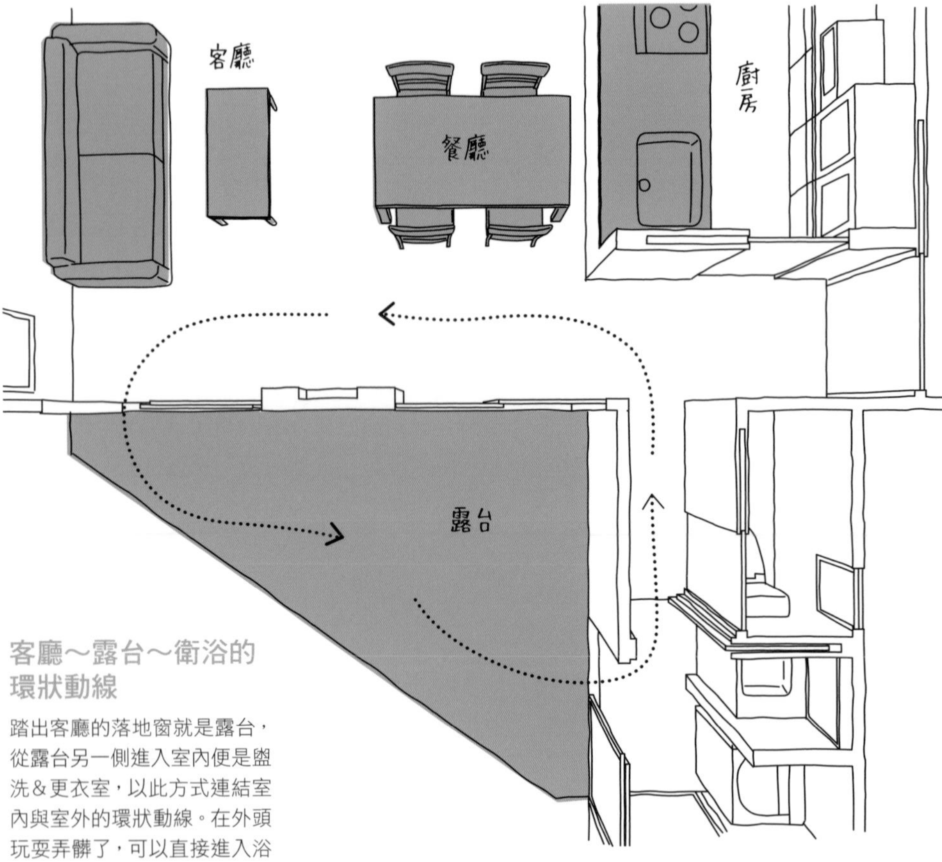

客廳～露台～衛浴的環狀動線

踏出客廳的落地窗就是露台，從露台另一側進入室內便是盥洗＆更衣室，以此方式連結室內與室外的環狀動線。在外頭玩耍弄髒了，可以直接進入浴室洗乾淨，因此即便全身沾滿了塵土也沒關係，孩子可以毫無顧忌地自在玩耍。

家有活潑好動的小孩
建議選擇可從室外直通浴室的格局

家中有熱愛運動或喜歡到室外玩耍的孩子時，十分推薦將衛浴空間配置於可直接從室外進入的位置上。一身塵土回到家時，無須經過室內便可直通浴室，髒兮兮的衣服也可以直接丟進盥洗室的洗衣機裡清洗。

其實將玄關與衛浴設計在相近處也是一個方法，但是直接從露台進出的浴室，會成為一個遊戲空間般的存在。夏天可以在露台放一個充氣式的游泳池戲水，結束後直接進入溫暖的浴室沖洗，為日常生活平添各種樂趣。

將露台作為晾衣場的場合，也能縮短晾曬衣物的動線。在浴室裝設方便進出的落地窗，亦可讓衛浴保持良好通風。

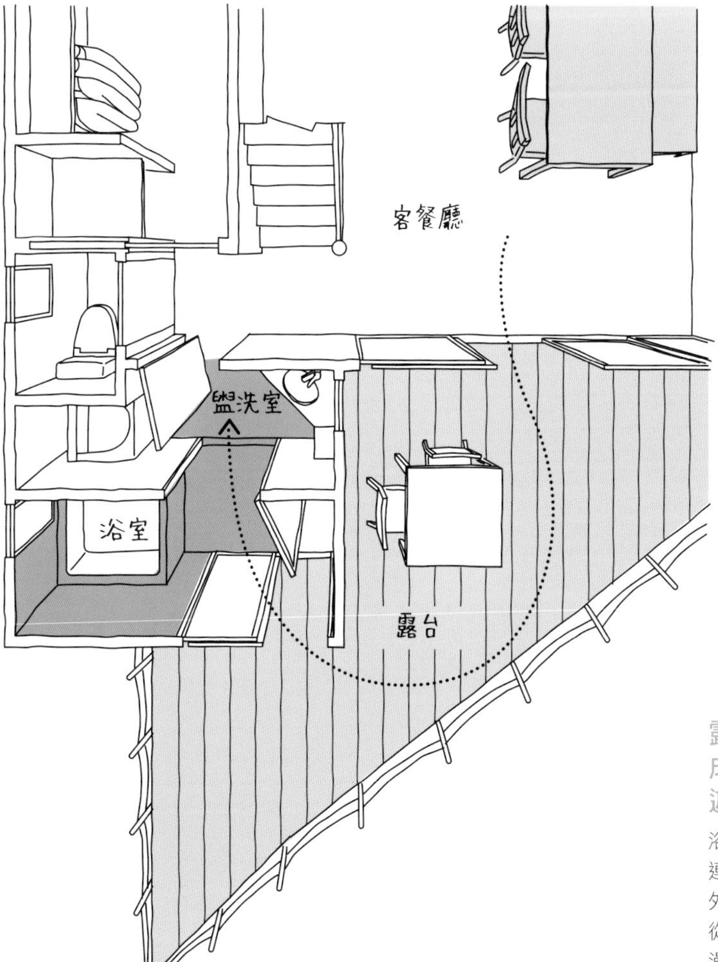

露台&浴室
成為小孩最愛的
遊戲空間

浴室與露台之間，以落地窗相連的實例。孩子在露台或露台外的樹林玩耍之後，可以直接從露台進入浴室內洗腳或沖澡。一到夏天，浴室也可以成為游泳池般的存在！

訪客來臨時大有用處的榻榻米遊樂間

「不禁讓人想要擁有一間」的榻榻米和室與客餐廳相連的實例。和室相當適合作為小朋友的遊樂間。位在距離客廳不遠，卻又有點獨立的盡頭，即使客人來訪也不用顧慮他人觀感，可以大方拿出各種玩具盡情玩耍。

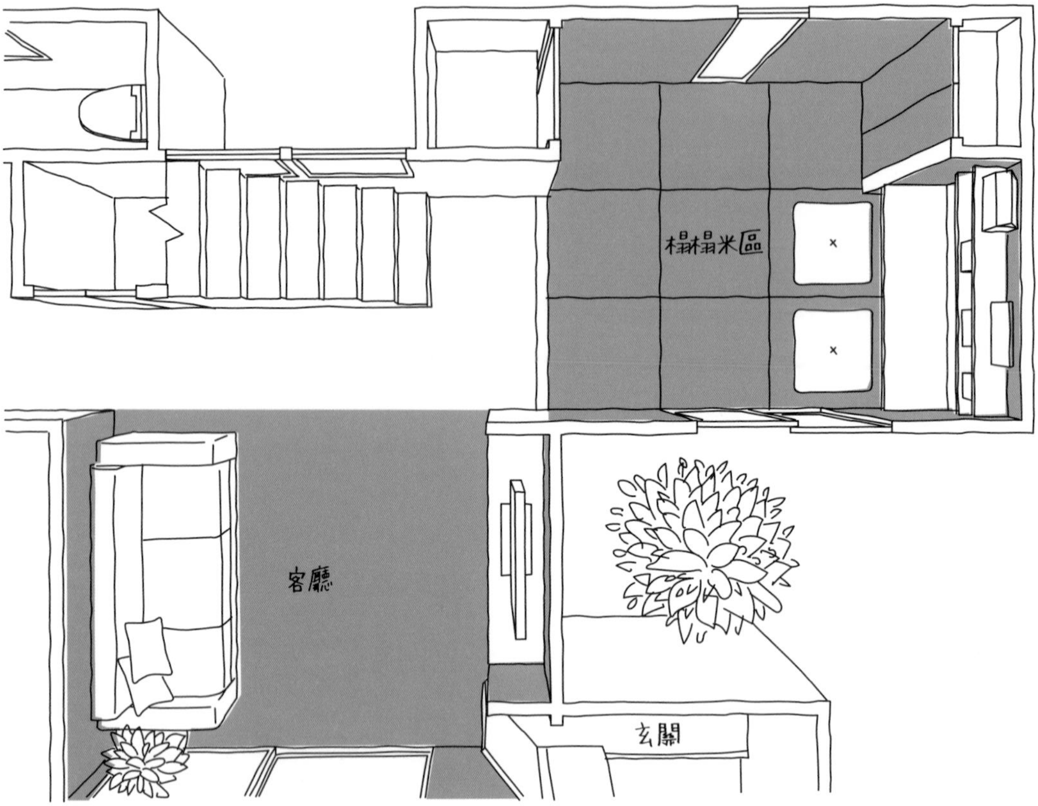

大人&小朋友們各自分區活動 親朋好友的相聚時光更加輕鬆有趣

家裡常有三五親朋好友一同攜家帶眷來訪的場合，不如在建造住宅時規劃出大人與小朋友各自活動的空間，讓彼此都能盡情享受相聚的時光。

例如可以在客廳一角設置榻榻米，作為小朋友們玩耍的遊戲區，大人們便能在餐廳放鬆地喝茶閒聊。或者將寬敞的露台與客廳連結，形成大人與小朋友皆能自由進出的格局。小朋友們在露台玩耍的時候，大人們可在室內休息聊天。

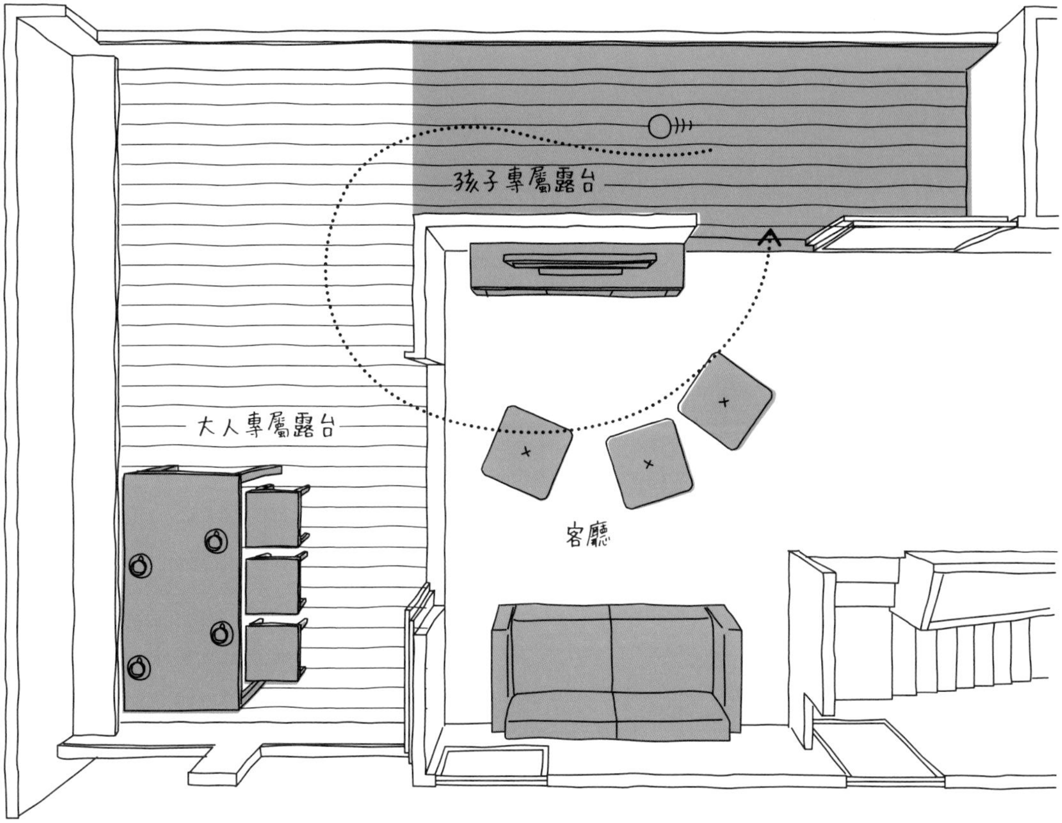

劃分成兩個區域的 L型露台

此為L型露台圍繞著客廳的格局。其中一邊為大人專屬空間，放置了桌椅方便享受喝茶聊天的樂趣；另一邊為小朋友專屬空間，空曠平台可以盡情跑跳玩耍。兩邊皆有出入口，形成一條環狀動線。

即便是難以挪出遊戲空間的小型住宅，只要門廳或樓梯四周的空間夠寬敞，亦可利用作為遊戲空間。客廳設有樓梯時，樓梯不僅能夠成為孩子們玩耍的地方，同時也在大人的視線範圍內，令人感到安心。將樓梯四周的部分牆面刷上黑板漆，便成為自由揮灑創意的塗鴉牆。像這樣思考一番，為孩子打造一個能享受嬉戲時光的空間吧！

兒童房&客廳・餐廳・廚房
在同一樓層
讓親子雙方都安心

特別是在人口密集的都市裡，有不少家庭選擇將客餐廚規劃在條件較好的二樓，於是臥室往往被挪到一樓。

很多家長擔憂「兒童房跟玄關都設在一樓，可能無法得知孩子是否已進門，甚至不知不覺間就回到了房間裡」這種情況。坪數充裕的場合，就將兒童房一起設置於客餐廚所在的二樓吧！兒童房與公領域之間則是以全開式拉門隔開，平時將拉門打開便能自由進出。在廚房作事的同時也能掌握孩子的活動狀況，讓父母及孩子都感到安心。未來孩子獨立搬出去後，兒童房也可改為個人興趣空間。

與客餐廚同一樓層的環狀動線兒童房

開放式的客廳・餐廳・廚房與兒童房之間，以樓梯及大型收納櫃作為簡單的區隔。兒童房左右兩側各有一扇門，小朋友可以將整個樓層視為一個遊戲空間繞著活動。在兒童房中央作出隔間牆，即可分成兩間房間。

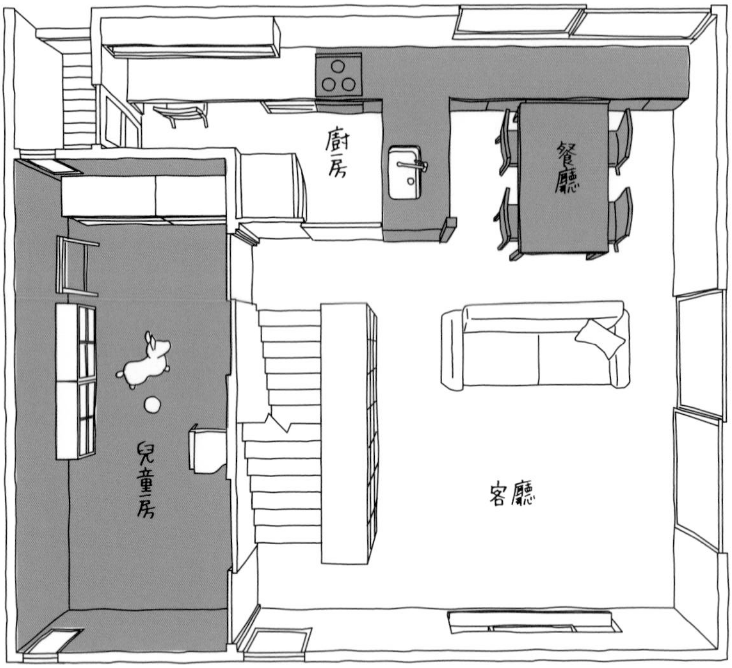

縱向變化的空間是深得孩子喜愛的遊樂場所

小朋友十分喜歡閣樓這樣的空間，當作祕密基地般踩著梯子爬上爬下的閣樓，讓空間顯得立體，宛如密室般的氛圍更能夠激發自由發想的遊戲靈感。

兒童房內的閣樓不僅是遊戲區，也可以擺放床鋪或作為收納充分活用空間。尤其是需要斤斤計較空間規劃的小型住宅，兒童房無須太大，足以放置書桌、床鋪的空間即可，上方設計成高架床或設置閣樓皆宜。想要擁有多間臥室時，即便房間被牆壁隔開，只要閣樓相通，兄弟姊妹便能在此聯絡感情。靠近天花板的地方容易積存熱氣，別忘了考量消暑對策唷！

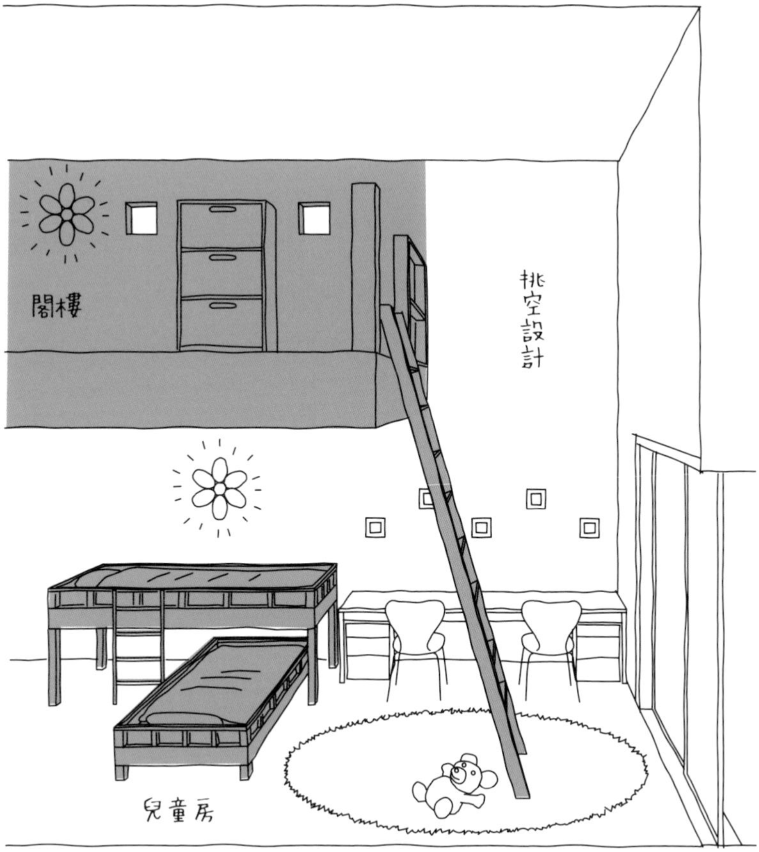

因應家庭成員變化
活用閣樓規劃下方隔間

在兒童房內設置閣樓的實例。目前格局為共用一間的兒童房，只要沿閣樓兩端各作一面牆，下方便會分割成獨立的3個房間。格局可以隨著孩子的成長過程進行彈性變更，這便是一個很好的例子。

簡約的兒童房
能培養孩子
獨立自主的能力

兒童房不需要過於細膩的設計，留一些空間讓孩子自由發揮反而較好，機能性的木作訂製櫃只需要最低限度的數量。想要配置家具的場合，不妨裝設活動式層板或桿子之類，可依需求調整的款式。

能跟兄弟姊妹一起討論如何使用自己的房間是一件開心事。哪裡要隔間，或者不作隔間讓房間感覺更寬敞，哪裡要收納什麼等等，不是由父母安排，而是讓孩子親自規劃這些細節，進而培養孩子的自主能力。讓孩子對自己的空間充滿期待，正是父母想給予孩子的禮物。「想這樣運用！想那樣裝飾！」讓孩子發揮天馬行空的想像力吧！

可以自己決定
如何運用的自由空間

面向陽台的兒童房開放感十足。收納只是粗略規劃，閣樓也是沒有隔間的通透空間。需要分隔成獨立房間時，將隔間處的欄杆鋸開，架上梯子即可，因此扶手欄杆也選用木製。

拋開「兒童房朝南」的既定觀念

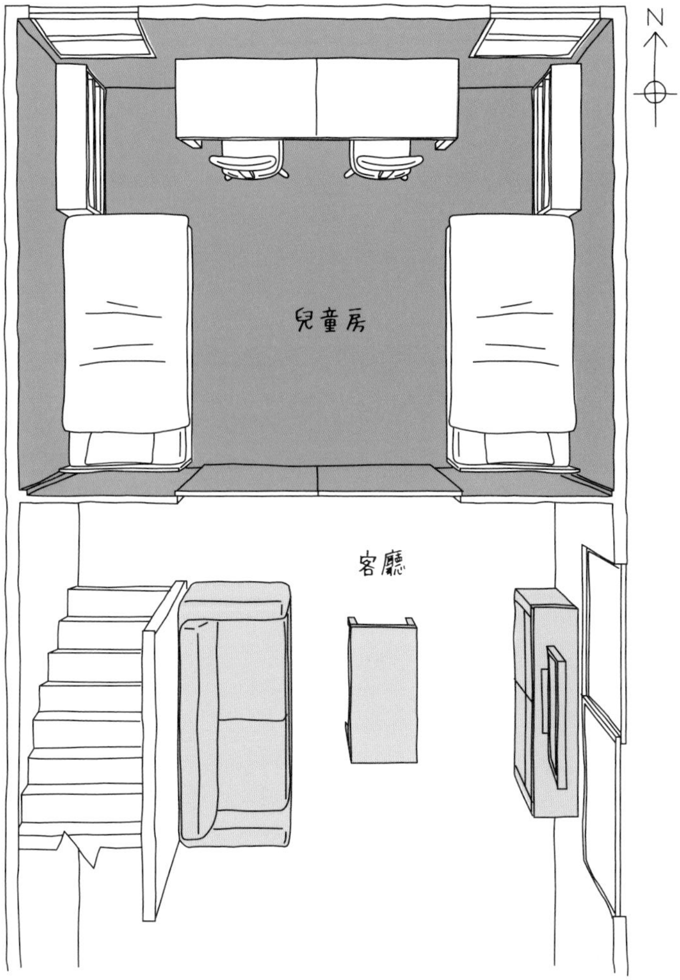

位於北側依舊明亮與客餐廚相連的兒童房

兒童房直接與客廳・餐廳・廚房等核心區域相連，打開的拉門收在牆壁內側，瞬間成為一個整體的寬敞空間。未來計劃將兒童房隔成兩間，因此事先以左右對稱的方式各裝一扇窗戶。高度直達天花板的大型窗戶，帶來充足明亮的光線。

即使父母期望「兒童房可以位於陽光明媚的南側」，仍有不少家庭因為住宅用地條件不佳而打消這個念頭。這時不如轉換概念，設計出「就算不在南側依舊明亮舒適的兒童房」！

例如，北側的房間具有令人備感放鬆的獨特氛圍，適合作為學習空間或書房來使用。優點是由於陽光不會直射，因此只會帶來柔和不刺眼的光線，夏天房間也不會那麼熱，不裝窗簾或百葉窗也行得通。為了避免室內陰暗，不妨將鄰居的窗戶位置列入考量，在適宜之處安裝大一點的窗戶。

規劃北側房間時，最須留意的問題是防寒。選擇裝設隔熱性佳的氣密窗或地暖等暖房設備，作好對應寒冷的計劃吧！

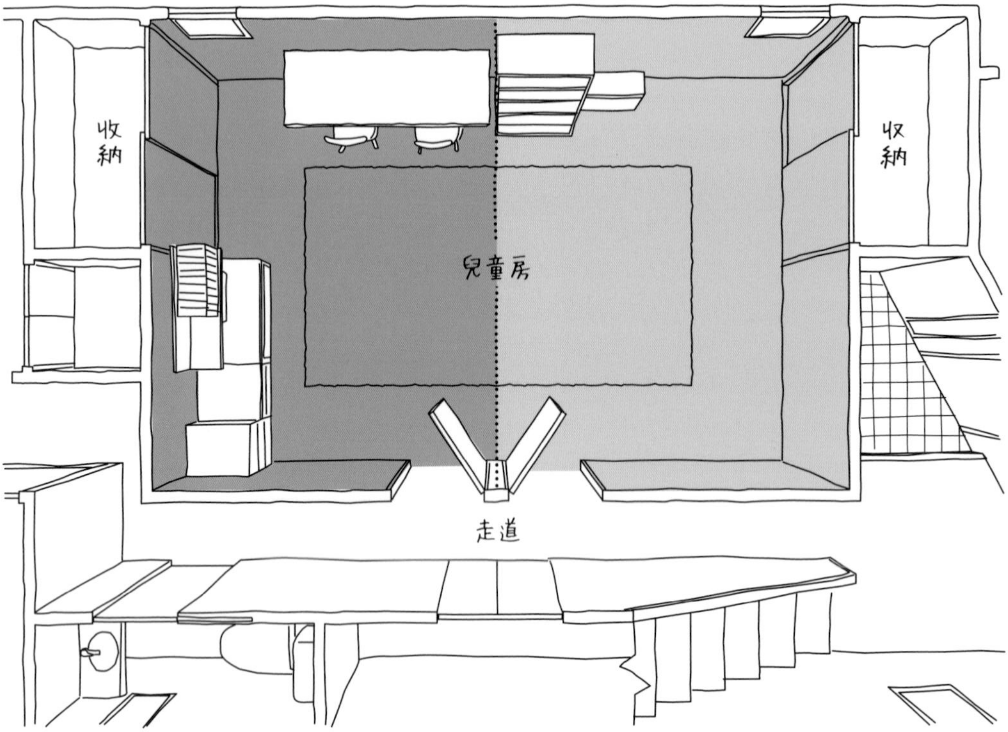

善用市售現成家具 因應未來的變化

家具選用市售的現成商品，而非訂製木作，如此一來便能輕鬆因應孩子成長過程中所需的格局變更。房門可事先預作兩扇，未來孩子需要個人房間時，從中央隔開即可。

規劃變更彈性大的「可隔間兒童房格局」

基 本格局大致底定，但隨時可將寬敞兒童房更改隔間的設計。家族成員增加時，不僅能隨之應變，隔成多間房間，孩子獨立搬出去後，又可輕鬆還原成一大間，作為夫妻專屬的興趣休閒室等多用途空間。

隔間的方式有很多種，可沿著柱子或橫梁建造隔間牆，或者運用收納家具來區隔空間，最重要的關鍵是，隔間後的房間必須具備相近的格局。倘若房間大小差太多，或者有的房間有窗戶，有的房間沒窗戶，對家人來說似乎不太公平。此外，各房間也需要獨立控制的照明或空調等電器開關設備，這部分也在建屋時一併規劃吧！

提到建造住家的契機，經常聽到「因為兒童房是不可或缺的」理由。事實上，孩子真正需要個人房間的時期，只有升學考試或青春期間，實際使用時間出乎意料地短。真正想要以長遠的眼光來規劃居家環境，反而不該過於重視兒童房，應該將重心放在「讓全家人住得舒適」為目標。

尤其是坪數有限的住宅，不妨貫徹「兒童房＝臥室」的概念，捨去必要以外的其他機能。孩子可以在客餐廳或工作區寫功課、在客廳或自由空間玩耍……只要家中有其他空間可以讓孩子運用，兒童房只需備有床鋪與收納空間便綽綽有餘。

家中若有兩個以上的孩子，不妨設計一間如自由空間般的兒童房，隨著孩子的成長，以加蓋隔間的方式提供專屬的個人房。孩子獨立搬出去後，無論是作為夫妻各自使用的房間，還是重新裝潢成休閒室，皆可日後再討論。

所謂的兒童房只需擁有「睡眠空間」即可

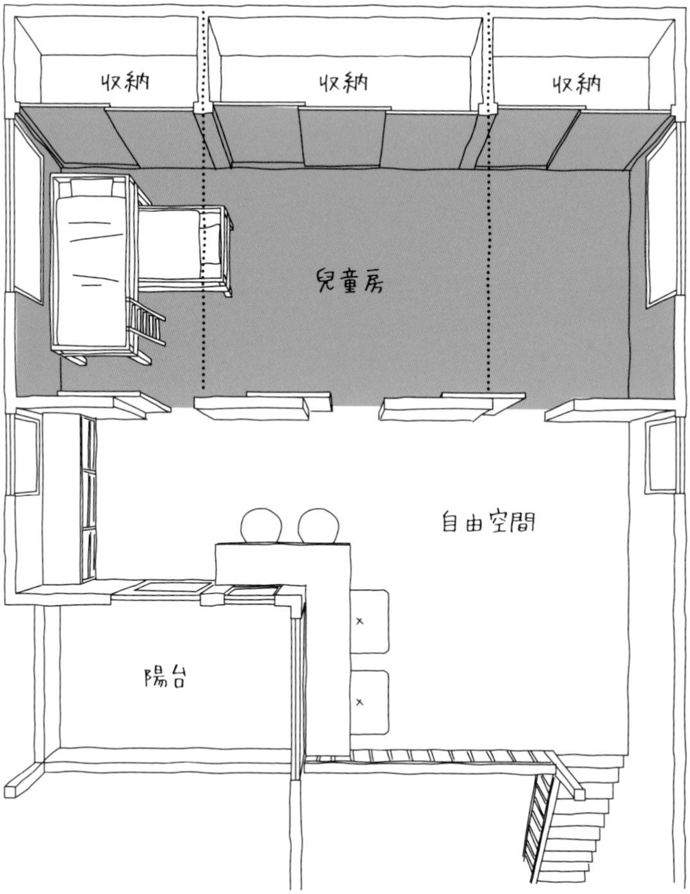

將一大間隔成多房彈性運用

一個大房間設有三個出入口。目前作為一間房使用，未來計劃隔成三間，中間作為夫妻的主臥室，旁邊兩間作為兒童房。房間外面的自由空間則是全家人共用的書房。

設計成相連的寬敞空間＆方便對調的兒童房與主臥室

大部分學齡前的幼童都是跟著父母睡在同一間臥室。換句話說，特地準備好的兒童房大都閒置著，很多家長還因此覺得臥室太窄。如果能在更寬敞的空間自在休息，無論大人小孩應該都會感到舒適無拘。因此，不如先將主臥與兒童房整合成一個空間，待孩子長大再作隔間牆。此外，分隔後的房間也無須特別區分這邊是兒童房，那邊是主臥室的形式，如此一來就可以在孩子長大後輕鬆對調房間。亦即幼兒時期將大房間當主臥室使用，孩子長大後則將主臥作為兒童房。倘若能使用一間寬敞房間加作隔間，就算家族成員增加也能應付自如。

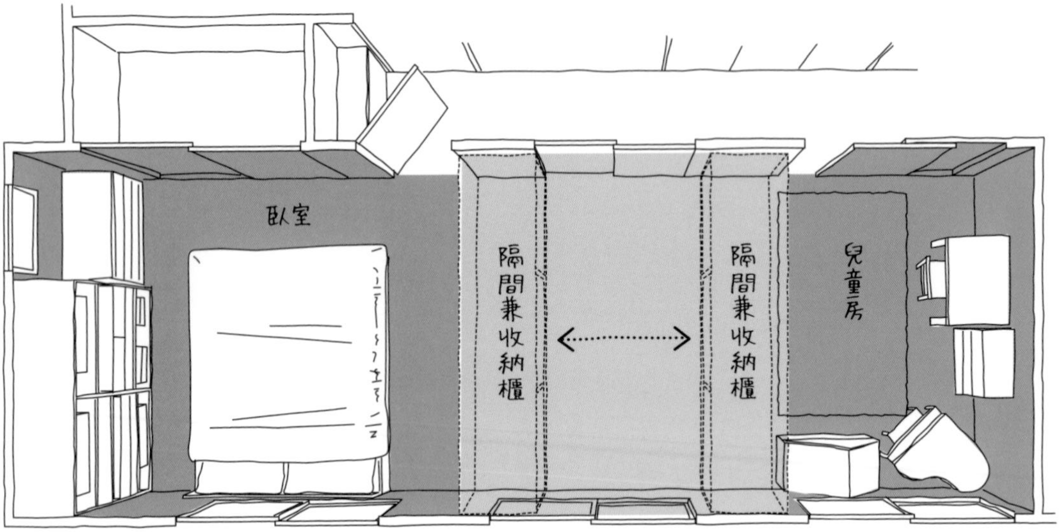

運用移動式收納櫃
因應未來多變的環境

運用移動式收納櫃，將原本寬敞的一大間隔成主臥與兒童房的實例。由於目前孩子還小，因此設置成主臥室寬敞的格局。隨著日後生活方式產生變化，只要移動收納櫃，隔間的格局便能自由調整。

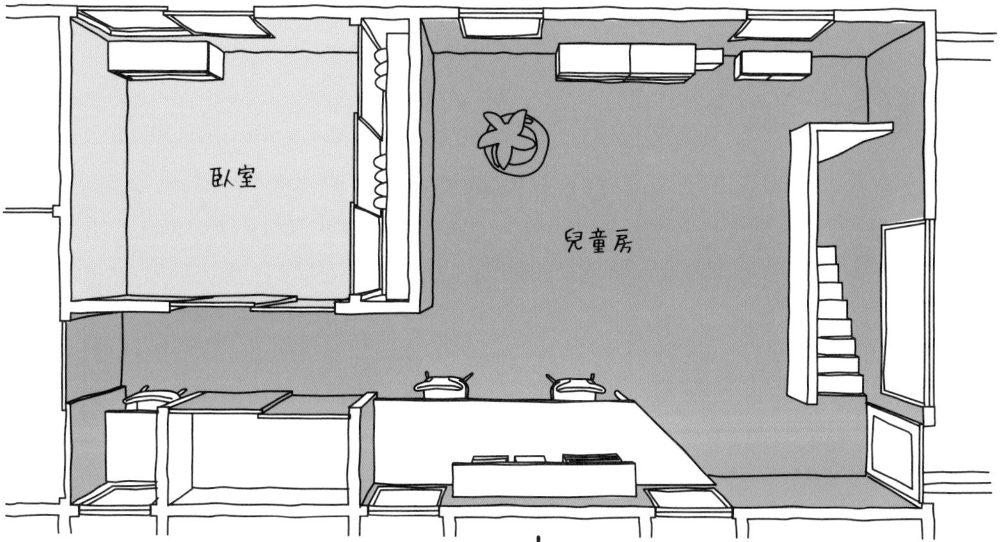

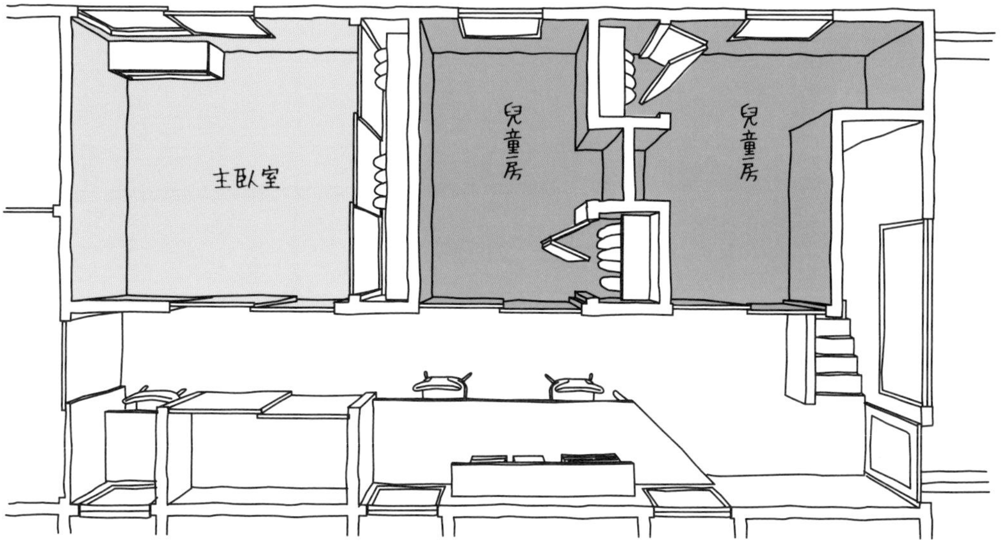

因應5年後、10年後變化的格局

目前的兒童房沒有隔間，開放式的寬敞空間包含樓梯間，提供了自在活動的區域（上圖）。孩子長大後，藉由隔間牆打造出獨立房間（下圖）。由於事先安裝了兩扇窗，分隔成兩間時便能各自擁有一扇窗。

衛浴空間

無論是外出前的梳妝打扮，
還是療癒一日疲勞的浴室，
衛浴空間——
絕對是生活上不可或缺的存在。
一起塑造舒適宜人的空間吧！

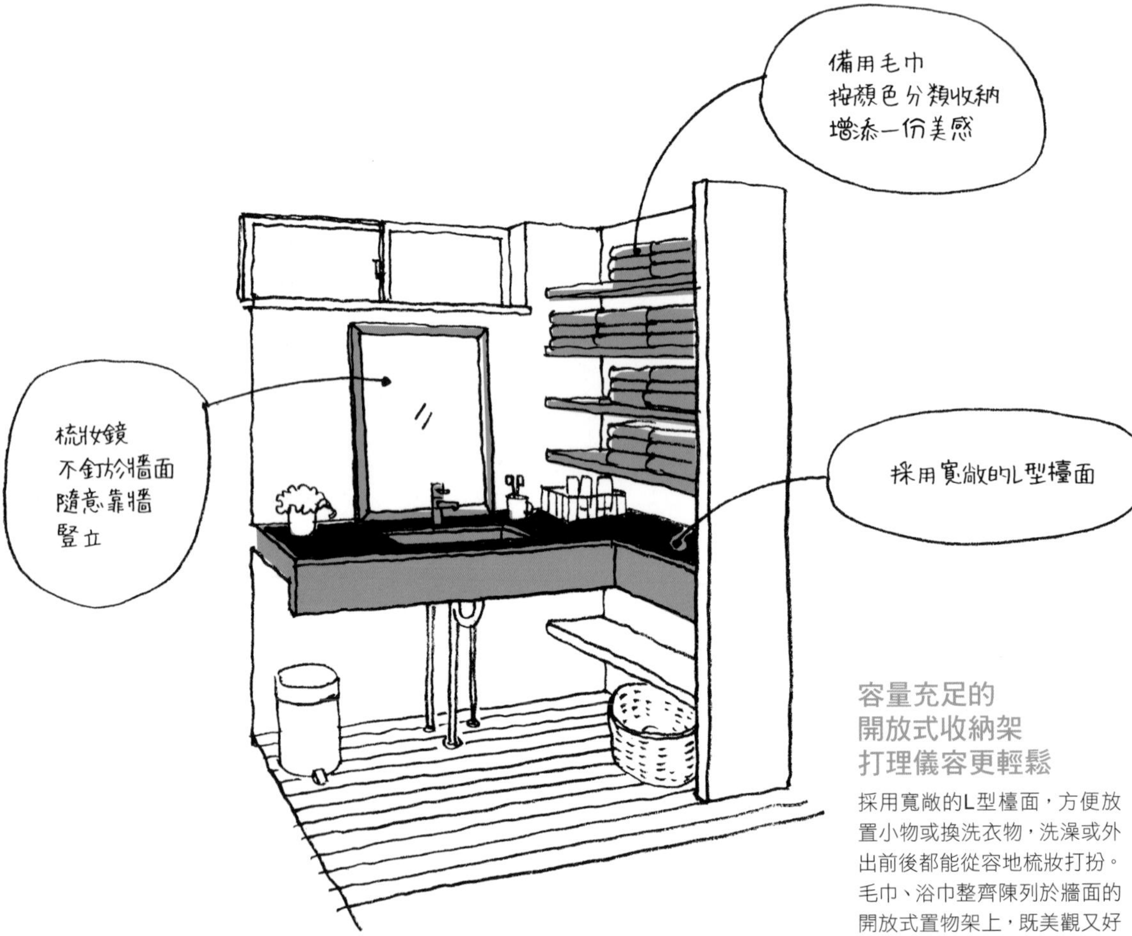
備用毛巾
按顏色分類收納
增添一份美感
梳妝鏡
不釘於牆面
隨意靠牆
豎立
採用寬敞的L型檯面

容量充足的開放式收納架打理儀容更輕鬆

採用寬敞的L型檯面，方便放置小物或換洗衣物，洗澡或外出前後都能從容地梳妝打扮。毛巾、浴巾整齊陳列於牆面的開放式置物架上，既美觀又好收放。梳妝鏡隨意靠牆立著，而非固定於壁面上。

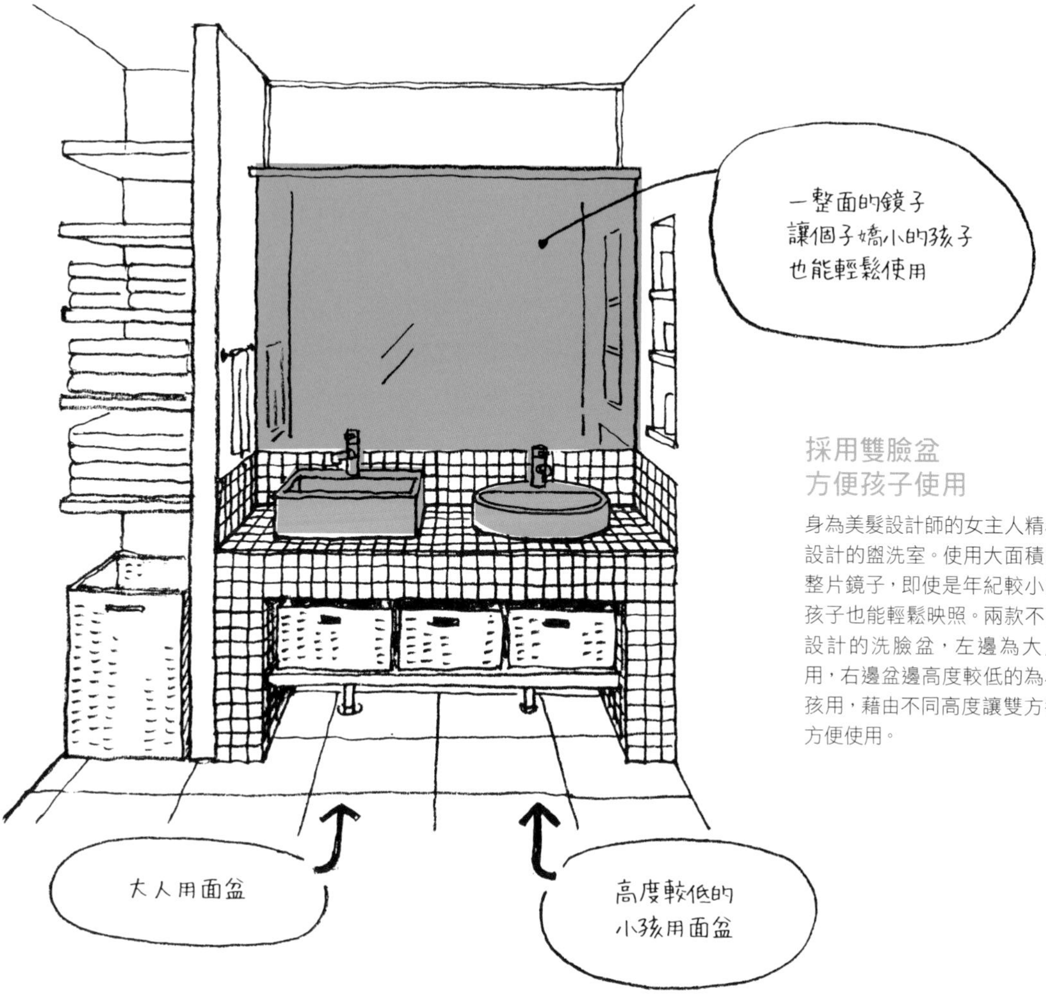
一整面的鏡子
讓個子嬌小的孩子
也能輕鬆使用
大人用面盆
高度較低的
小孩用面盆

採用雙臉盆方便孩子使用

身為美髮設計師的女主人精心設計的盥洗室。使用大面積的整片鏡子，即使是年紀較小的孩子也能輕鬆映照。兩款不同設計的洗臉盆，左邊為大人用，右邊盆邊高度較低的為小孩用，藉由不同高度讓雙方都方便使用。

依使用目的規劃盥洗室

除了整理儀容，也常在盥洗室處理一些家務。因此考量設計風格之外，還要好好思考「想在盥洗室裡作些什麼」，將最重要的使用目的反映在格局上。

舉例來說，習慣在每天早晨洗髮的人，安裝附有蓮蓬頭的洗手台就會方便很多。家族成員眾多，需要等待使用洗手台的家庭，建議設置雙臉盆分散人流。

想要擁有兼具家事間功能的盥洗室時，可以安裝一個方便洗衣服的大型面盆，並且加高水龍頭的位置，以便在下方擺放大水桶等容器。洗臉之後想直接在盥洗室化妝，就必須預留足夠的空間收納保養品及化妝用品，梳妝鏡與窗戶的位置也要仔細規劃。

盥洗室就近設置於臥室旁早晨梳裝打理更省時

從臥室經由衣帽間通往衛浴的機能性動線

此為臥室旁設置衣帽間的實例。在數階加高的錯層空間配置了衛浴間，不論是早晨的梳洗還是睡前沐浴，皆可流暢行事。

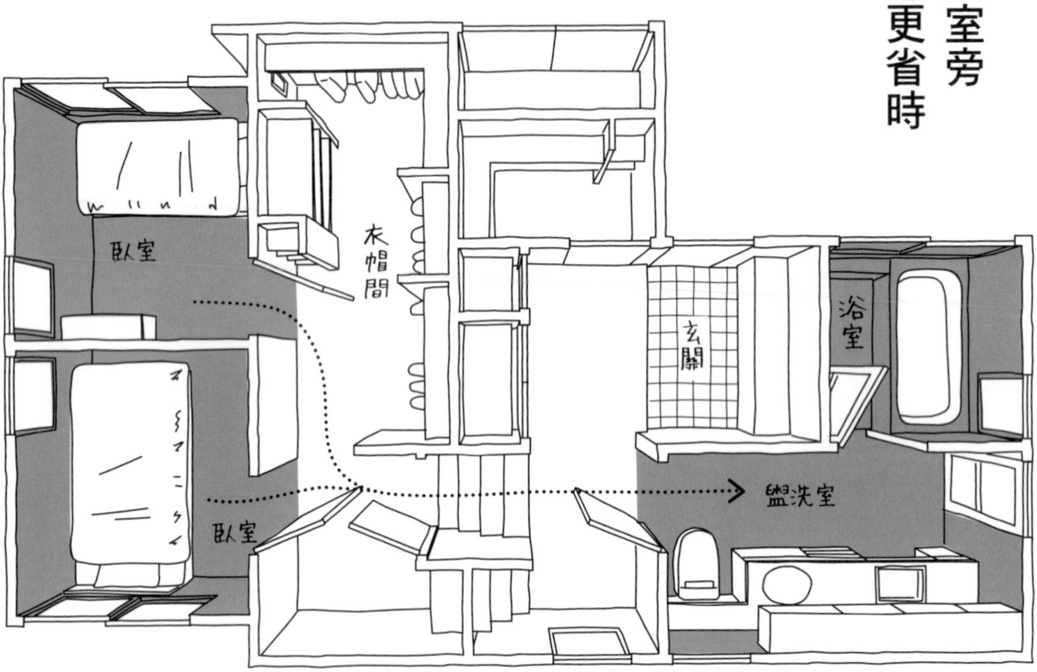

雙薪家庭的夫妻如果想節省早晨梳洗的時間，可將盥洗室就近設置於臥室旁，縮短移動的距離。此外，在臥室與盥洗室之間設置開放式衣帽間會更有效率。從臥室↓衣帽間↓盥洗室的動線十分流暢。只有夫妻小倆口的家庭，亦可採用飯店套房般直接連通浴室，捨去走道的格局。不但空間利用更有效率，還能讓臥室及浴室因此擁有更寬敞的空間。盥洗室設於臥室旁的格局，與身在廚房卻可照顧小朋友洗澡的取向完全不同，請將生活習慣列入，一併考量吧！

若住宅為三層樓的建築，要留意臥室與衛浴之間的動線。假設衛浴間在一樓，臥室在三樓的格局，不僅中間移動的負擔較大，繁忙的早晨更是令人慌張。而且冬天沐浴後身體容易著涼，最好還是讓臥室與衛浴間位於同一樓層較佳。

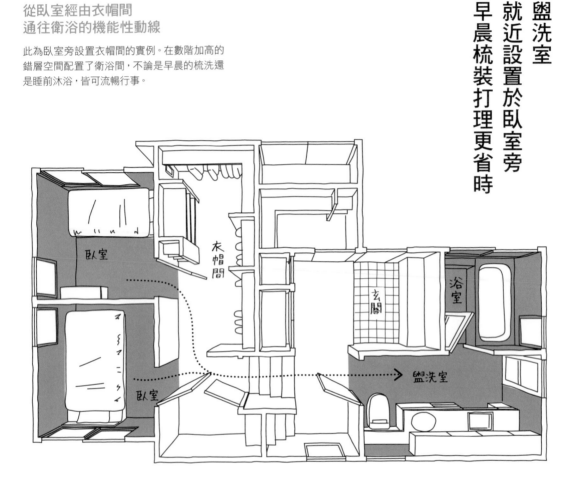

起居室與衛浴間直接連結的高效空間規劃方案

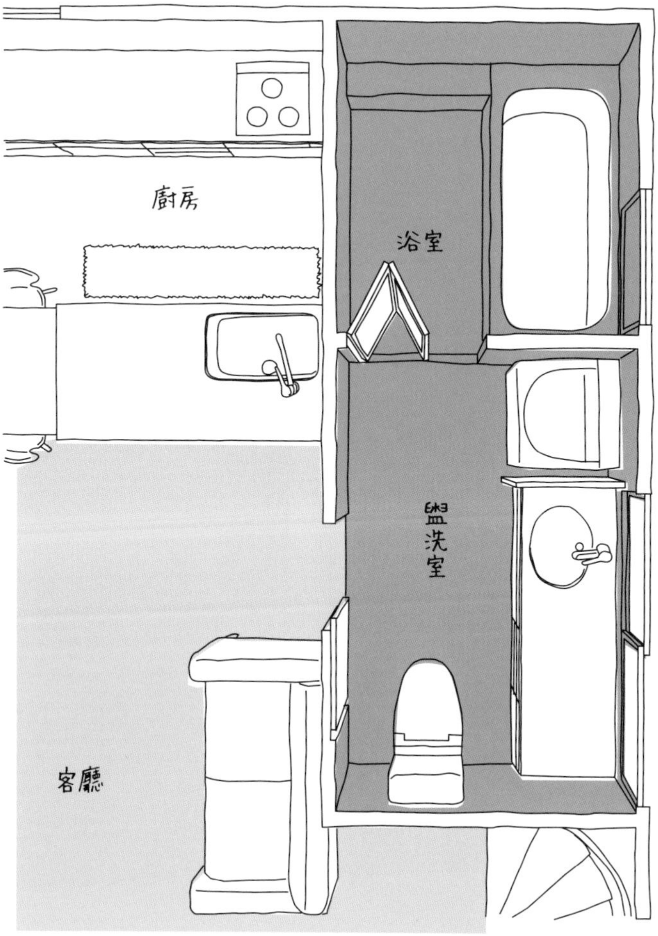

以推拉門隔開設置於客餐廚旁的衛浴間

直接相連的起居室與衛浴間，將省略的走道空間劃入衛浴空間，形成寬敞有餘的放鬆環境。洗手台與廁所雖在同一室，但馬桶位在牆後，並不會一開門就映入眼簾。為了進門就能一覽精心設計的美麗洗手台正面，特意在空間配置上花了心思。

在狹小地塊上建造住宅時，若想捨去不必要的空間，最有效率的方法就是在公共區域的客餐廚旁，直接設置以一扇推拉門隔開的衛浴間。或許有些人會覺得，在家族用餐或休息空間旁便是衛浴間的格局很奇怪，不過這樣的格局，除了節省空間還有其他優點。家有幼童時，只要在小朋友洗澡時打開拉門，家人便能從起居室掌握孩子在浴室的動靜而感到安心。因為是平面的推拉門隔間，即使開著也不占空間。

若衛浴間為浴室＋洗手台＋廁所同一室的格局，請在空間配置上多花點工夫，避免一開門就是馬桶的景象。只要最初映入眼簾的畫面是充滿綠意的小窗戶，或精心設計的洗手台等，令人感到美麗的事物，便不會影響自在放鬆的休憩時光。

採光不佳的盥洗室不妨藉由玻璃隔間增添空間亮度

有些盥洗室因為格局規劃上的限制，位於不與外牆相連（亦即無法開窗）之處。但盥洗室卻又是個希望經常明亮清爽的場所。遇到此種格局時，推薦在最深處的浴室安裝採光效果佳的窗戶，並且使用玻璃作為盥洗室之間的隔間建材。如此一來，兩個空間皆能獲得充足的光線，整個衛浴空間也顯得通透而開放感十足。

「擔心設置大窗戶的浴室難以保有隱私，或覺得防盜效果不佳」時，不妨採用天窗。此外，一般人大多會有「透過玻璃牆可從盥洗室窺見整間浴室，無法令人放鬆沐浴」的想法，其實洗澡時的水氣會讓玻璃變得一片白茫茫，什麼都看不到，完全不用在意。

藉由玻璃的通透讓空間顯得寬敞開闊

使用玻璃作為隔斷空間的建材，讓盥洗更衣室、廁所及浴室在視覺上宛如一室。可以一眼望向盡頭的天花板，也是感覺寬敞的關鍵。洗手台採用簡約洗練的立柱式洗手台。

降低窗戶位置 空間明亮又安全 一舉兩得的別致設計

窗戶配置方式突顯了磁磚的潔淨美麗

從較低處引進擁有充足採光的實例。白色馬賽克磁磚拼貼而成的洗手台，在光線的照耀下顯得格外潔淨。小窗裝設的位置正對著住宅前的馬路，因此在此處理家務時，可以順便得知孩子是否到家。

規劃盥洗室的窗戶時，除了考量採光及通風，還須注重防盜效果及個人隱私的保障。直立式百葉窗雖然防盜效果好且通風效果佳，卻經常裝設在梳妝鏡的左邊或右邊，因此會有一邊顯得特別亮或特別暗，化妝時不太方便。至於橫式採光天窗可保有個人隱私，但位置過高，往往讓低處的洗手台顯得陰暗。

因此，不妨考慮將小窗戶裝設在梳妝鏡與洗手台之間吧！正面引進的柔和光線均勻散至各個角落，洗臉盆及檯面也都明亮清爽，使用起來更方便。在充足的光線映照下，更能襯托出磁磚的質感。

另外設置客人專用衛生間是最理想的狀態

盥洗室雖然是私人空間，實際上卻是客人常去的場所。或許各位都有過換洗衣物堆放在盥洗室尚未處理，或日常使

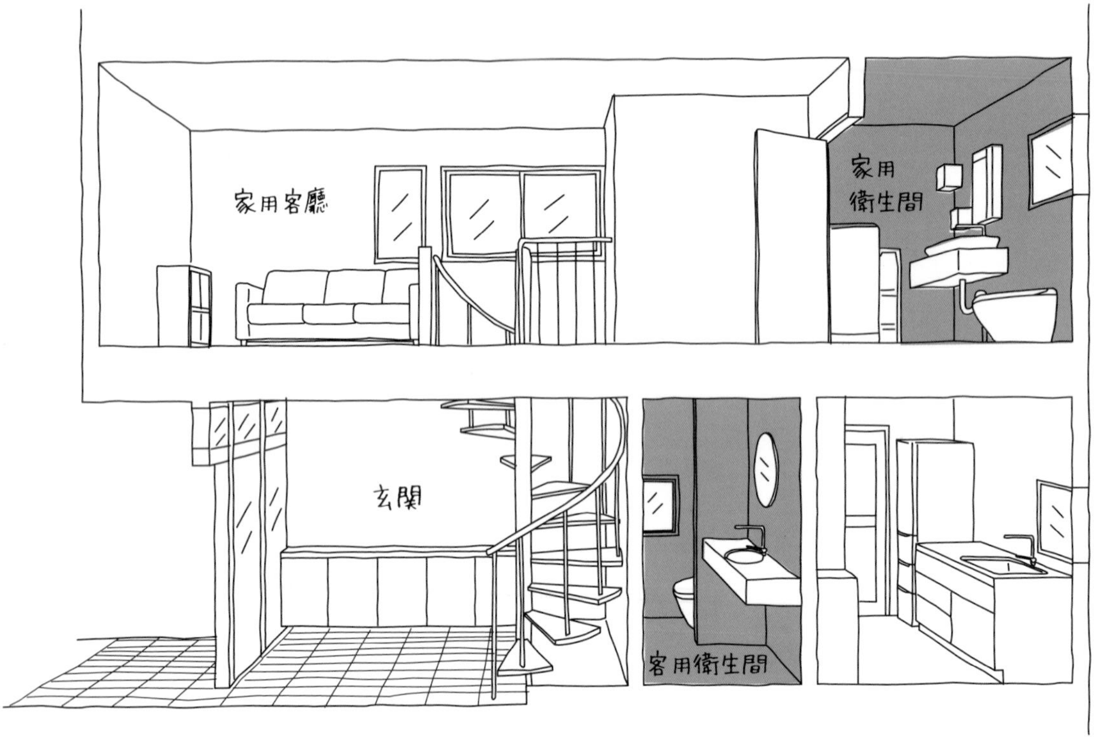

確保個人隱私
家用&客用的獨立衛生間

上圖為將來想開設「自宅兼營咖啡廳」的住家實例。為了實現夢想，一樓是開放式廚房為主的客餐廚空間，二樓則為家人專用客廳及臥室。每個樓層各自擁有一間獨立的衛生間。

用的洗衣劑放著沒收，客人來訪時才手忙腳亂收拾的經驗。此外，先經過盥洗室再通往廁所的格局，客人就會來回經過盥洗室，對主客雙方彼此都挺尷尬。

訪客多的家庭，最理想的狀態是擁有家人專屬與客人專用的衛生間。家用衛生間以機能為取向，可擺放洗衣機及打掃工具等雜物。因為是客人完全不會接觸的地方，即使設置內衣褲收納櫃也毫無負擔。相對地，客用衛生間則是以小巧精簡為原則，可設置於走道或門廳一角。因坪數或預算有限，無法增設客人專用衛生間時，亦可在廁所裝設洗手台及梳妝鏡，擴建成衛生間的格局，讓客人自在的使用。

一進入玄關就可到達的客用衛生間。位於聚會場所的一樓客餐廚一角，屬於考量使用便利性的衛浴間配置。儘管空間有限，仍裝有洗手台。

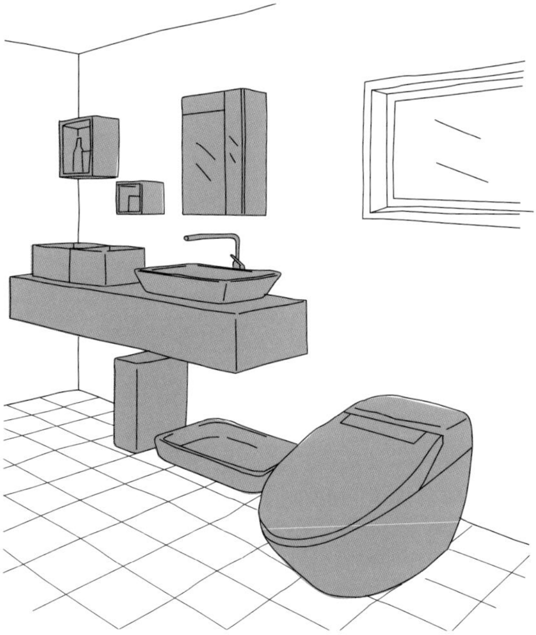

此為右頁圖例的家人專屬衛生間，位於主臥室及兒童房所在的二樓。即使生活雜物隨意擱置也OK！即便客人來訪，依舊能自在使用的私人空間。

將理想的沐浴型態反映在浴室格局上吧！

每個人對浴室的要求大不相同。以機能為取向，希望浴室易於清潔維護，方便日常生活使用的人，最合適的方案是在客餐廚公用空間或臥室旁設置整體浴室。

相對地，希望浴室擁有度假氛圍般令人放鬆的空間時，不妨規劃一筆費用與坪數給浴室，打造一間洋溢休閒風情的浴室。與露台或小庭院連結的浴室，只要設計得宜，澈底遮擋住外來視線，沐浴後便能享受一邊暢飲啤酒一邊乘涼的樂趣。

設計浴室位置時，亦可從另一個角度下工夫，那就是將浴室與客餐廚或臥室的距離稍微拉長，在家便能享受在溫泉旅館前去泡湯般的樂趣。

洋溢度假氛圍的半露天開放感住家浴室

從通透的玻璃窗一覽露台的浴室，周圍以柵欄圍住的半露天環境，可以盡情放鬆無須在意鄰居視線的打擾。通往露台的階梯設計，給人度假飯店般洗練的印象。

一室設計的衛浴空間 俐落解決坪數有限的狹小問題！

浴室與盥洗更衣室之間不以牆或門隔斷，而是設計成整體一室的格局，亦是解決空間不足的方式。由於視線不會被隔間擋住，各設施所占面積雖小卻不會給人壓迫感，特別適合衛浴空間有限的小型住宅。採光佳、通風好也是其魅力之一。

這樣的設計不免令人擔心，浴室的水流到盥洗室該怎麼辦？這時只要在地板作出高低差就無須擔憂。或者以玻璃牆、門作為隔間建材，如此一來不僅空間通透明亮，洋溢開放感，還能有效阻擋水氣，避免水花四濺。統一地板及牆壁的材質，洗手台採用磁磚等，即可營造出猶如飯店般的精緻質感。

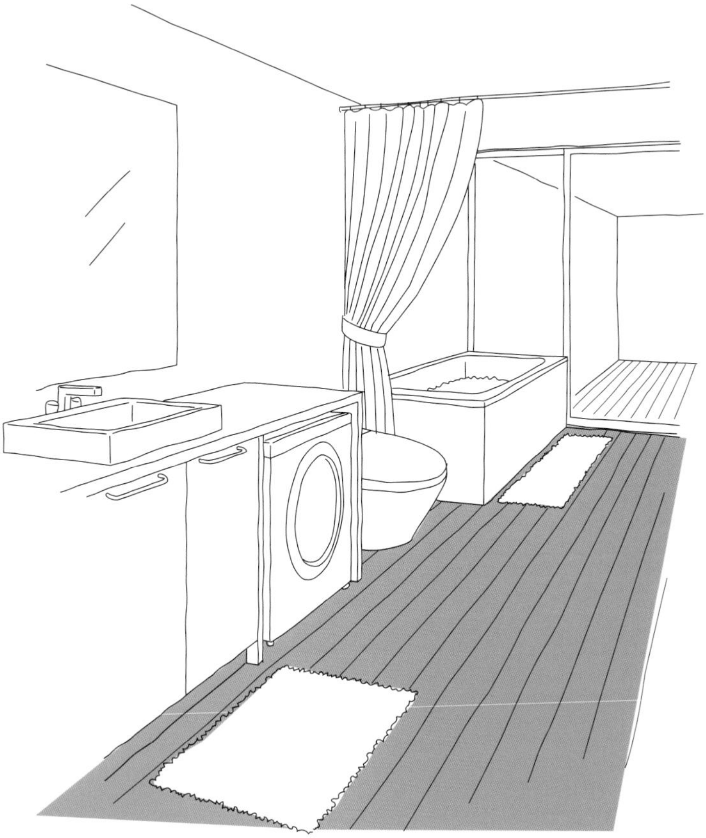

連同廁所一併整合在內的 三合一衛浴空間

盥洗更衣室、廁所及浴室全都整合在內的三合一衛浴空間，既省空間又省錢。熱愛衝浪的屋主返家時，可從室外露台直接進入浴室。使用浴簾，防止淋浴時水花四濺。

浴室設在客餐廳或臥室近處沐浴後輕鬆又舒適

洗好澡換上睡衣，整個人就想放鬆坐在客廳沙發上看電視。有的人則是習慣在睡前洗澡，洗完澡出來就想倒頭大睡。沐浴後不管是想看電視或躺下睡覺，若是從盥洗室出來就能直接通往客廳或臥室，即可無須擔心溫暖的身體著涼，還能立刻放鬆舒適的休息。

因此，規劃盥洗更衣室時，不妨將「從浴室出來後我想待在哪裡？想在那裡作什麼？」列入考量。冬日時必須經過寒冷走道或門廳才能回到房間的格局，可能會隨著年齡增長誘發熱休克之類的狀況（因急遽變化的冷熱溫差引發血壓異常導致心肌梗塞等），要特別留意。規劃時請一併將未來的生活型態列入考量吧！

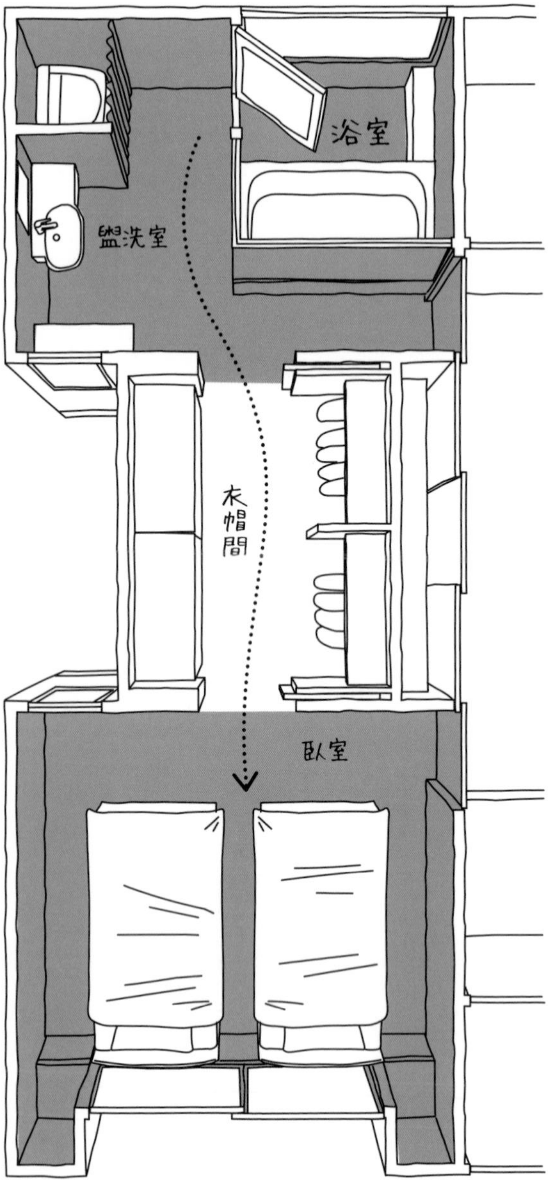

連結盥洗室～衣櫥～臥室的便捷動線

盥洗更衣室與衣帽間連結，進而通往臥室的格局。洗澡前拿取換洗衣物一點也不費工夫，從浴室出來可直接通往臥室。不僅是晚上沐浴輕鬆，早上也方便梳洗。

將浴室設計在廚房旁邊就近看顧孩子洗澡

有小朋友的家庭，家長常在準備晚餐或收拾碗盤的同時幫孩子打點洗澡的一切。廚房與浴室有段距離的情況，就得在走道來來回回，或在樓梯間爬上爬下，以每天的例行家務來說會是不小的負擔。但是若將浴室設計在廚房旁邊，便能縮短來回走動的距離，進而減輕家長的壓力。只要把浴室門打開，在廚房作家事的同時也能看顧並協助孩子洗澡。尤其是有兩、三個小朋友的家庭，不妨考慮一下這種格局。

此外，將洗衣機擺放在浴室一旁的盥洗室，亦能縮短廚房與洗衣機之間的距離，在廚房作家事時也能同步洗衣服。更進一步的規劃則是在廚房一角擺放一張迷你書桌，形成完善的家事區。如此一來，無論是上網搜尋、在廚房料理清潔、洗衣服還是督促孩子洗澡，都可以同步進行數項工作，提升作家務的效率！

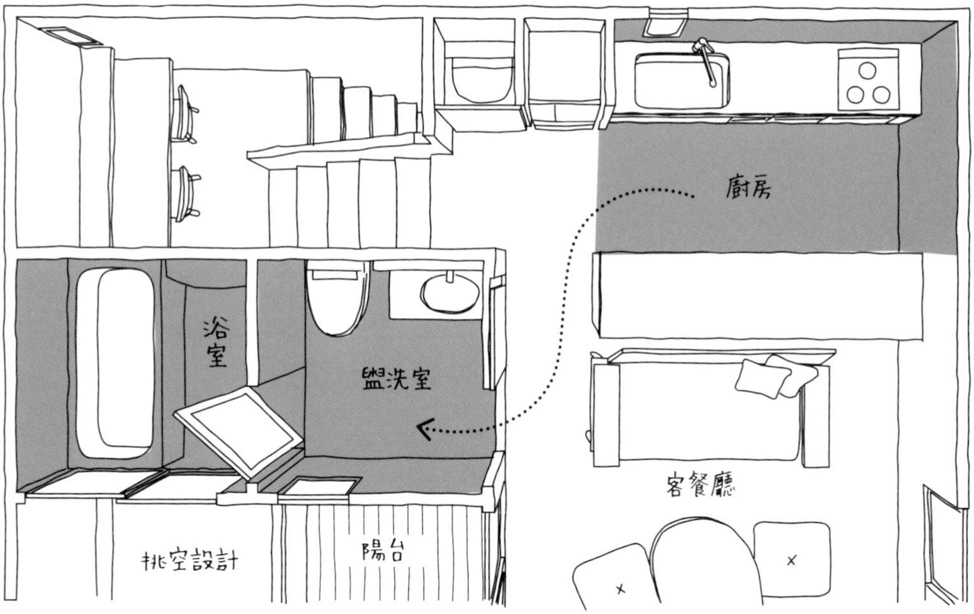

廚房與衛浴空間相近 拉門隔間讓行動順暢又方便

廚房旁邊安置衛浴間的實例。只要將盥洗室入口的拉門打開，就能在廚房關注孩子洗澡的動靜，也方便家長到浴室觀察狀況。此外，洗衣機就在冰箱旁邊，讓作家事更有效率。

透過天窗仰望天空奢華享受的沐浴時刻！

整面天窗設計！仰望浮雲＆星空的療癒饗宴

此為設置於三樓的浴室實例。採用一整面天窗的天花板設計，彷彿置身度假飯店。天氣晴朗時，白色牆面與藍天形成對比。由於斜角天窗位於北側，即使在夏季的白天沐浴，也不會出現太過強烈的直射陽光。

在陽光明媚的自然光下沐浴，能讓身心放鬆，疲勞一掃而空。只不過浴室常被安置於一樓北邊深處，往往光線不足顯得陰暗。這時若在浴室裝設天窗，讓陽光自然灑落，在家便能享受奢華的沐浴時刻。

要在一樓裝設天窗，就必須是一樓外推或縮減二樓的形式，若二樓的樓板面積不足的情況，在浴室外牆裝設橫式的隙縫長天窗亦是一種方法，不僅可以減少一樓外推的幅度，整面外牆上方裝設一列天窗還可帶來明亮採光。採用帶著立體紋路壁磚的浴室，則會因為沿著牆壁灑落的自然光，呈現意想不到的光影效果。不用在意鄰居目光，位於三層樓住宅頂樓的浴室，就可採用一整片的天窗，明亮的空間讓人神清氣爽。

刻意降低窗戶高度 藉此提升恬靜閒適氛圍

洋溢自然風情 舒緩愜意的浴室

將窗戶裝設在浴缸上緣的設計。浴室內及窗外露台皆採用大量木材，打造出舒適宜人的空間。浴缸外圍與地板選用防水性高，抗腐蝕性強的巴西紫檀木（IPE）。不易打滑的溫潤材質，冬天踩著也不會覺得冷冰冰。

為了保有隱私與避開外人目光，人們常在浴室較高處裝設窗戶，但是這種格局在進浴缸泡澡時，四方牆壁包圍的景象猶如在井底般，充滿壓迫感。

想要營造寬鬆閒適的氛圍時，不妨壓低窗戶的位置，讓視線得以穿透延伸。因此最理想的狀態，就是將窗戶裝設在浴缸上緣。室外的遮擋柵欄與窗戶之間多預留一些空間，即可擺放盆栽營造庭院般的景致。開著窗戶享受涼風吹拂的沐浴時光，彷彿置身露天溫泉，身心皆沉浸於開放感滿溢的空間。

遠離客廳・餐廳・廚房的廁所使用起來安心自在

將廁所設計在遠離客・餐・廚的樓層

圖例是將客餐廚設於二樓的三層樓住宅。廁所則是分別安置於臥室所在的一樓與三樓，公共領域的二樓反而沒有廁所。無論使用者是家人還是客人，遠離客餐廳的廁所都能讓人擁有一段安心自在的私密時刻。

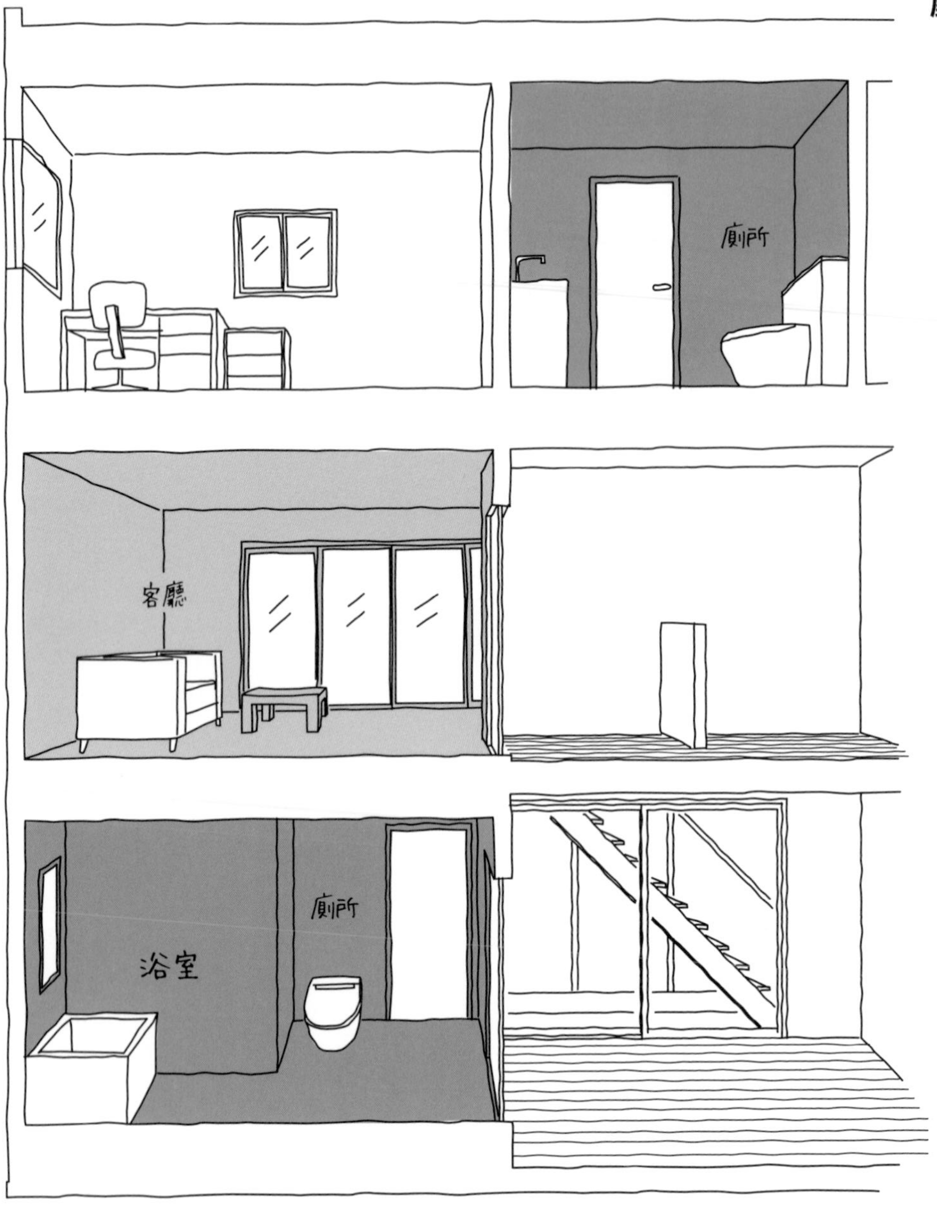

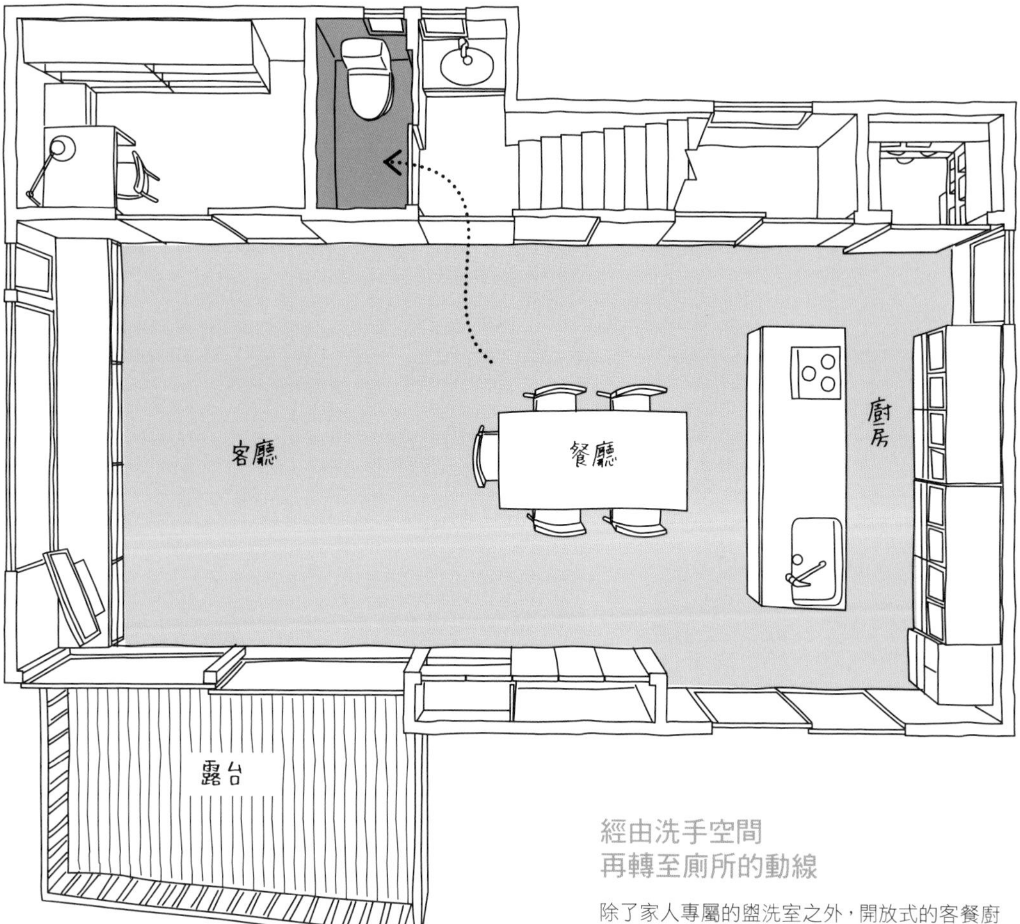

經由洗手空間再轉至廁所的動線

除了家人專屬的盥洗室之外，開放式的客餐廚旁邊也設置了一個小小的洗手台，隔壁則是廁所，組合成一個小型衛生間。為了避免直接看見廁所，規劃動線時，採用了經由洗手台再到廁所的設計。

洗衣、收納之類的家務動線盡可能縮短，日常生活就越方便。另一方面，也有動線過短反而令人感到不便的例子，從家人或客人所在的公共空間前往廁所，這條動線便是其一。

僅有一扇門與客廳或餐廳相隔的廁所，可能會令人在意如廁聲音無法安心使用。客人也會使用的廁所就得更加留意這點，因此廁所與客餐廳之間最好隔著其他空間，讓廁所離客餐廳剛好不遠也不近。

無論如何都避不開廁所門口朝向客餐廳時，可藉由設計統一牆面與廁所門扉的顏色&材質，在裝潢多下一分工夫，讓廁所門不那麼顯眼。

直接與起居室相連的廁所
針對進門的正面設計
多一分講究吧！

想要在有限的用地面積保有寬敞的房間，最有效的方式是盡量捨去走道空間。若是連客餐廚與廁所之間的走道也捨去，就能讓開放式空間變得更加寬敞。此時必須留意廁所門打開時的內部格局，坐在餐桌或沙發上便可窺見整座馬桶，觀感上會令人不太舒服，因此像是廁所開門的方向、馬桶擺放的位置等細節都必須仔細規劃。具體方法是讓廁所與房間平行，將馬桶橫置於廁所內側，這樣就不會一開門瞧見整座馬桶了。

完善的格局規劃，加上精心設計的正面配置，讓廁所變得更舒適。在廁所裝設具有時尚感的洗臉盆、設計可擺放裝飾的壁龕，或開一扇充滿室外綠意的小窗，都是不錯的方式。即使空間小巧，布置得美輪美奐同樣令人開心。為了不讓如廁聲音傳到鄰近的客餐廚，可在隔間牆加厚隔熱材或防音素材，提升隔音效果。

時尚俐落的迷你洗手台&小窗營造整潔印象的設計

廚房旁的某扇拉門打開便是廁所。由於廁所與廚房平行，因此特地將馬桶設置在左側門後，不會一開門就看到。面向拉門的洗手台方正俐落，加上一扇與洗手台同寬的小窗戶，給人井井有條的潔淨感。

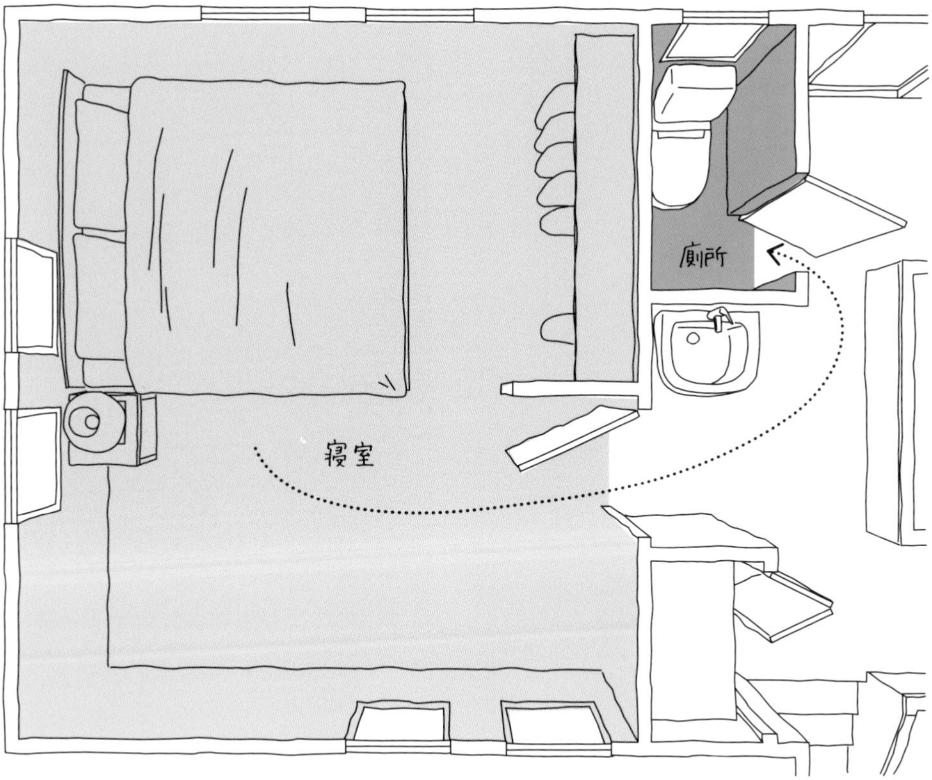

一出臥室就是
洗手間的格局

二樓格局為一間主臥室與兩間兒童房的住宅，將廁所與洗手台設置在起居室樓層一角的配置。一出臥室門口就是廁所的動線十分精簡，夜間如廁也輕鬆。

夜間如廁的位置盡可能離臥室近一些

房間與廁所的理想相對位置，夜晚的需求剛好與白天相反。從臥室或兒童房通往廁所的動線是越短越令人安心。

一想到孩子經常睡眼惺忪地起床上廁所，或是在冷颼颼的冬夜離開被窩如廁，結論就是夜間使用的廁所離臥室越近越好，至少要設在同一樓層避免上下樓梯，而且要盡可能靠近起居室。

若建築預算或樓層面積有限，只能在一樓或二樓的其中一個樓層設置廁所，這時以起居室所在的樓層優先，離客餐廳有些距離也比較理想，可說一舉兩得。

位於角落的縱長採光窗
如廁亦不須擔心外來視線

在角落的牆面上裝設直立式採光窗。裝在這個位置，就不需要擔心如廁時會被看見。窗戶位於推開拉門的正對面，映入眼簾的明媚陽光令人身心舒暢。

換氣效果佳的地窗
打造舒適廁所

在看不到馬桶的位置裝設橫長型地窗。底部吹進來的空氣透過天花板的排風扇抽出，為整個空間帶來良好的通風換氣效果。掛在牆上的無框布畫與灑落壁面上的間接照明，營造療癒氛圍。

在廁所 裝設一扇小窗戶 可大幅提升舒適度

廁所是一個需要經常保持良好通風的空間，因此能夠安裝一扇可開關的窗戶是最理想的狀態，即便是小小的窗戶也可以。只要有一扇窗，透進的自然光會讓廁所明亮清爽，視線也會隨著窗戶往外延伸，消除狹小空間帶來的封閉感。

一般家庭大多會在廁所牆面設置收納衛生紙或打掃工具的櫃子，因而覺得沒有空間裝設窗戶，其實只要將壁櫃設置在天花板稍微下方的位置，就可以在櫃子上方裝設窗戶（為了容易開關窗戶，收納櫃選用深度較淺的類型）。或相反地，在收納櫃底下裝設橫向的細長窗戶，如此一來便能同時擁有收納櫃與窗戶了。在意鄰居視線可採用毛玻璃，或將窗戶裝設在看不到馬桶的位置。

規劃窗戶時可一併設計壁龕，無論是布置喜愛的小物，或裝設間接照明，都可藉由這些巧思點綴，讓廁所自成一個療癒空間。

洗手台移至廁所外 用途將更加廣泛

為了方便洗手，有的廁所也會簡單裝設洗臉盆，不過礙於坪數有限，洗臉盆的大小常會受到限制，除了供人洗手之外，難有其他用途。此外，人們的感受也會受環境影響，同樣是自來水，從廁所水龍頭流出來的水就不太想飲用或拿來漱口。

因此，不妨將洗手台移到廁所外。只要水龍頭裝在廁所外頭，便能自在漱口或汲取作為飲用水。除此之外還可以用來洗抹布、小朋友清洗調色盤、看護時擰毛巾等，作為其他各種用途。

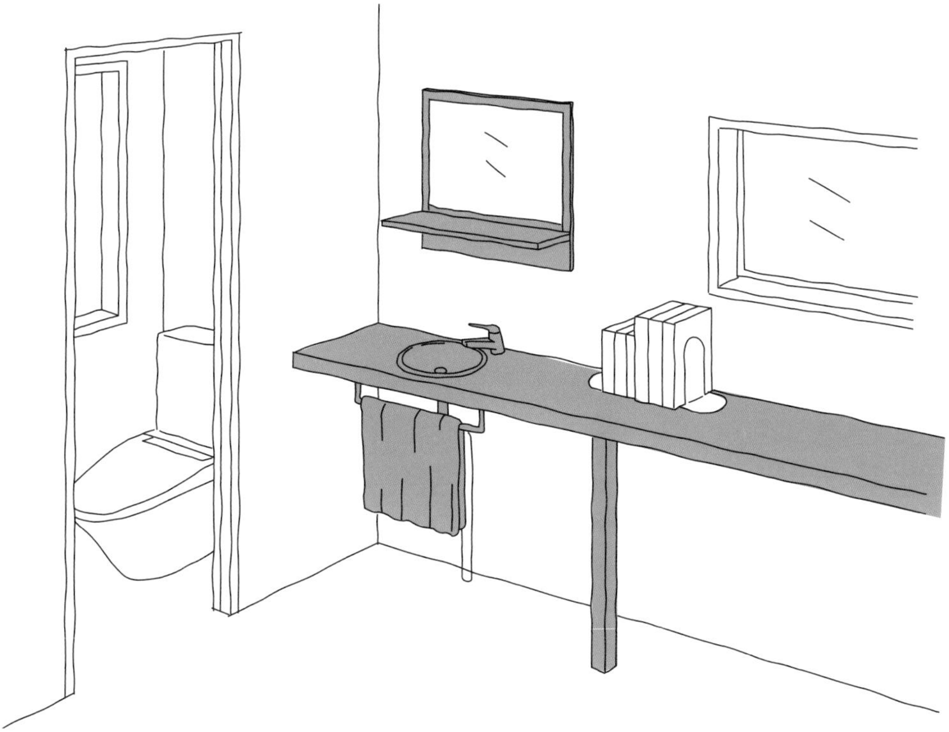

方便多人使用的吧檯式洗手台

廁所位於兒童房及主臥室所在的二樓，並且在外頭設置小型吧檯式洗手台的格局。孩子畫畫或玩黏土把手弄髒時，可在這裡洗手。長型吧檯下方的空間，預定裝設屋主DIY的收納櫃。

COLUMN

建材

觸感舒服的建材

相較於PVC塑膠或合成樹脂等新興建材，自古以來的原木、灰泥及石頭等天然材質，至今仍深受人們青睞。尤其是會與皮膚直接接觸的場所，更能感受其舒服的觸感。

因此在挑選建材時，除了翻閱型錄或上網搜尋圖片外，不妨向廠商索取樣品，親自感受建材的質地。此外，將索取來的樣品置於實際想使用的空間（廚房吧檯或地板等），擺放數天之後，自然而然便能找到觸感佳的建材。

靠近室外的空間可挑選質地堅硬的材質，建築內部則可選用柔軟的材質，讓質地呈現層次感，使室內更為舒適宜人。例如步道採用堅硬的天然石，門廳挑選質地略微柔軟的陶瓦磚，室內則用質地更加柔軟的地板材質。若想在室內規劃一個仿室外空間，可在該區使用石子或磁磚等較堅硬的建材。

主要室內裝潢建材

□木地板

木質板材，一般住宅最普遍的樓板鋪設材質。若擔心走路等聲響會影響到樓下，在挑選地板基底時，可選擇隔音效果佳的材料。

□壁紙

主要作為牆壁或天花板的表面裝潢。材質有布、塑膠、和紙等種類繁多，設計款式和顏色都豐富多樣。

□天然原木（無垢材）

原木加工製成的角材或板材。未塗漆，不含化學物質的建材，由於能感受天然木材的質感與觸感而備受青睞。具有調節濕氣的效果，能使室內保持適當的濕度。

□合板

多枚薄片木板以紋理垂直的方式重疊，膠合壓製而成，又稱膠合板或夾板。

□石膏（灰泥）板

既可當作基底材料又可作為裝潢材質，在板狀石膏兩面包覆紙面、布面等的複合板材，具有良好的防火性、隔音性、耐熱性、耐久性，也易於加工處理。

□珪藻土

手工塗抹的牆面泥材，是由植物性浮游生物（藻類）的化石堆積而成，具有獨特的風格。調節濕度及除臭效果佳，對於防止結露與防霉亦有效果。

□灰泥

日本自古以來使用的手工塗抹壁面用泥材，在石灰中加入稻草等纖維，與糨糊及水攪拌調配而成。不僅具有調節濕度的功能，防火效果也很好。

□磁磚

陶瓷或塑膠材質的薄板，作為地板或牆面的表面裝潢建材。防火、防水且抗汙，便於清理保養，因此常用於廚衛用水區域。

□大理石

大理石是石灰岩經地殼作用變質而成的岩石，硬度高但耐火性不佳。白底帶有美麗紋路，高雅大方，常作為玄關等處的地板。

主要外觀建材

□外壁材

以水泥為原料的陶瓷板狀外壁材。其他亦有金屬、樹脂、木質等，分別具有耐熱性高、防火性佳、富有設計感等特色。

□砂漿

由水泥、砂及水拌合而成的壁面塗料。優點是成本低，易於施工。耐火性也表現出色的泥材。

□石板

主要可分為以黏板岩加工而成的薄板狀天然石板，以及在水泥中添加纖維高壓製成的人工石板等。主要用於屋簷及外牆。

□Plaster

亦即灰泥，為石膏、貝灰、土等天然原料中加水拌合而成的壁面塗料總稱。

□輕質混凝土（ALC）

布滿氣泡的輕量水泥，有製成板狀的輕質混凝土板、磚塊狀的輕質混凝土磚（亦稱白磚）。輕量且隔熱、耐火性能高。

□鍍鋁鋅鋼板

用於外牆及屋頂的鍍鋁鋅合金鋼板。易於加工，防腐蝕、耐熱性皆優。

□瓦

鋪設屋頂用的建材。將壓模成形的黏土送進窯內，加熱燒製而成的石質材料。

玄關空間

在玄關門正面裝設窗戶營造「通透」之感

令人不禁感到放鬆，想再度登門拜訪——能夠帶來如此感受的住宅大門一定很棒。不妨營造一個讓家人及客人感到心暖的玄關空間吧！

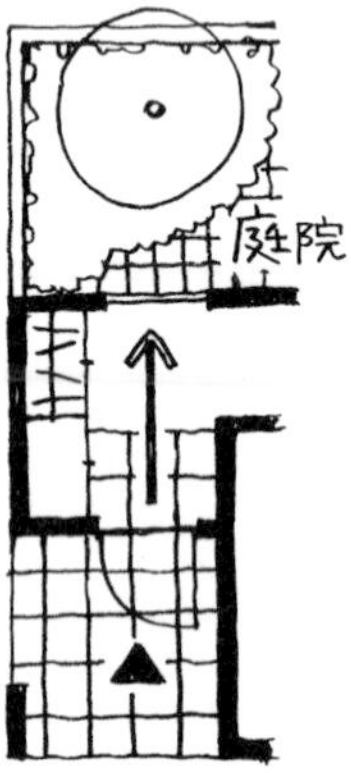

享受如畫般的景觀窗

正對著玄關大門的落地窗，窗戶如畫框般截取了矗立於庭院的樹木，呈現著風景畫般的景致。若是擁有會轉紅的樹葉、會綻放美麗花朵，或結出果實的樹種，從玄關望出去便能感受四季更迭之美。一旁的牆面則是大型的壁面收納櫃。

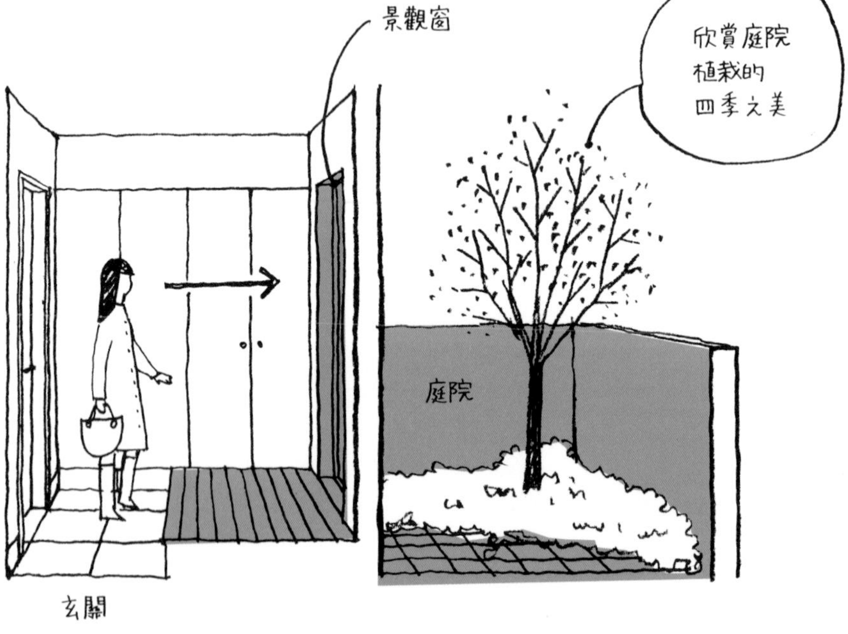

即使是建造於都會區的狹小用地住宅，只要在視覺上運用一點巧思，同樣能帶來寬敞感。讓玄關看起來寬敞的最佳方法，是一進屋便擁有開放感的「通透」景致。盡可能在玄關正面裝設可望向室外的大型落地窗，讓狹小的玄關保持明亮開闊。在戶外庭院種植樹木，讓綠意瞬間映入眼簾，即可帶來無法想像身處都會狹小空間的清新感，讓來訪的客人驚豔不已。玄關處如需裝設樓梯，可選用鋼構樓梯，窗外灑落的陽光便不會被擋住。

目光所及之處出現生活雜物，會讓玄關的「通透」感減半，因此請一併規劃可收納嬰兒車或高爾夫球袋的大型壁面收納櫃或鞋櫃。室內空間有限的情況，可考量騰出室外車庫的部分空間用於收納。

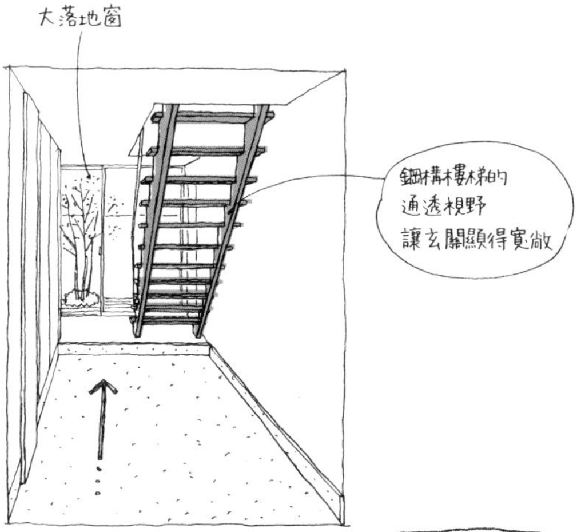
大落地窗
鋼構樓梯的
通透視野
讓玄關顯得寬敞

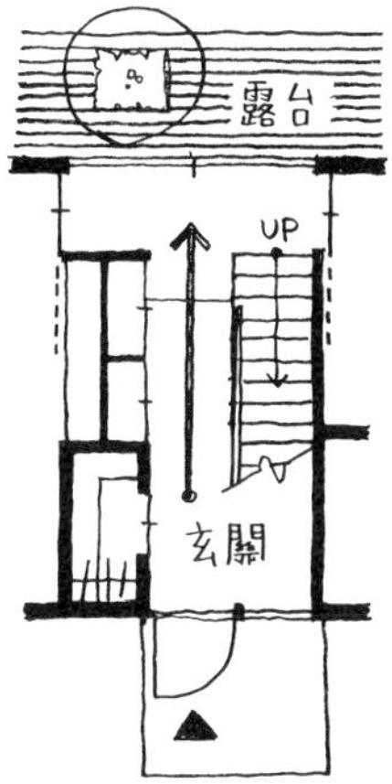
露台
UP
玄關

完全敞開的窗戶＆鋼構樓梯打造出絕佳通透感

一打開玄關大門，正前方就是一整面從地板延伸至天花板的落地窗，藉此通往室外露台的格局。前面的鋼構樓梯並不會擋住光線或視線，運用窗戶與樓梯的雙重採光，讓玄關顯得格外寬敞明亮！

一進入玄關
正面即是落地窗
玄關門
露台
玄關

避免一覽無遺 保有空間隱蔽性的玄關門位置

為了節省空間及建築費用，有些住家設計成門廳與起居室直接相連的無隔間格局，這時必須留意玄關門開啟的朝向。正對客廳的情況下，來訪客人會將整個生活空間一覽無遺，成為無法讓人放鬆的居住空間。

只要將玄關門的方向轉個90度，讓客人從落塵區的左側或右側其中一邊進入玄關，便可避免從玄關一眼看盡整個室內的情形。玄關門正對一面牆或裝飾架的配置，剛好可以自成一個迎賓空間。或者在正對玄關處裝設玻璃窗，以庭院為窗景，讓整個空間明亮起來，小巧玄關仍可擁有寬敞感。

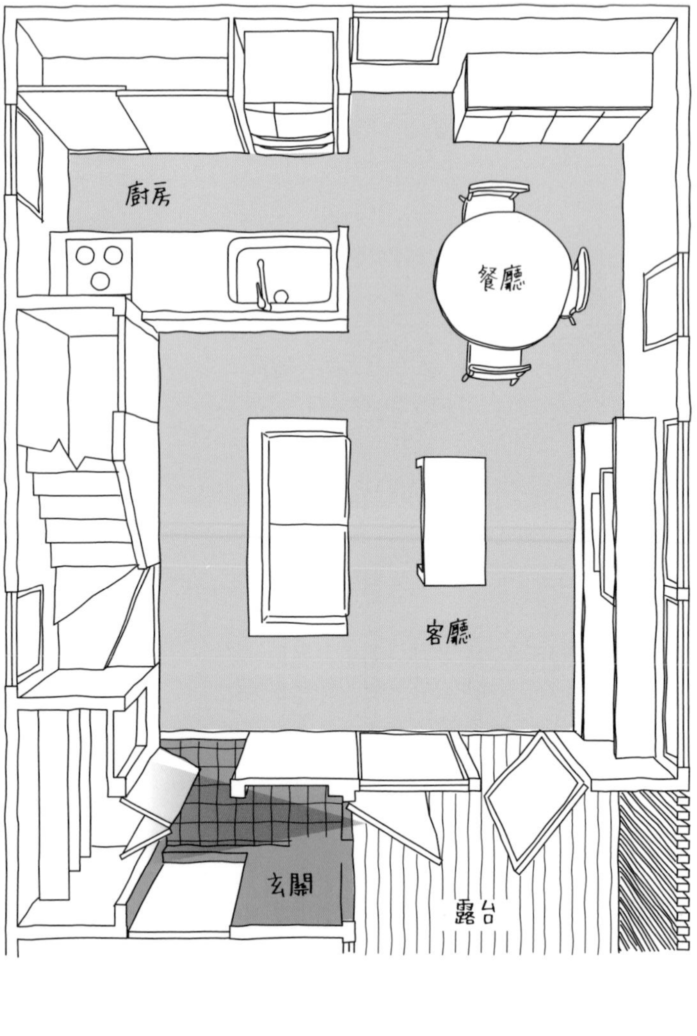

避開面對客餐廳的玄關門格局

走過綠意盎然的步道，穿過露台進入玄關的住宅實例。雖然是由玄關落塵區直接進入客餐廳的格局，但因為玄關門的方向採用避開客餐廳的設計，訪客一進屋只會看見鞋櫃。

藉由畫龍點睛的室內陳設轉移玄關的狹小印象

玄關空間不大時，不妨設計一個可擺放喜愛家具的小空間。像是附有抽屜的小桌或櫥櫃，不但可收納印章或鑰匙等零碎小物，還能在上面擺設花瓶或居家雜貨。若是連這點空間都沒有，只擺一張兒童椅並且放上一個小花瓶作為點綴也不錯。

玄關宛如一棟住宅的「臉面」，是個足以影響他人第一印象的空間。不僅是訪客，也是家人每天的必經之處，只要布置一個吸睛「亮點」，便能營造出輕鬆有餘的氛圍。因此設計之時，不妨預留一個展示空間。

以室內露台營造寬鬆有餘的空間氛圍

特地在門廳規劃一區鋪設磁磚的室內露台，將心愛的腳踏車展示於此。除了原有的出入口落塵區，像這樣額外設置的地板空間會讓玄關顯得更加寬敞。現代風的樓梯亦別具特色。

外觀優雅的家具成為吸睛亮點

為了陳設喜愛的家具，特地在門廳牆面預留空間的設計。地板鋪設的大理石與古董櫃相得益彰，鑲崁於牆面的玻璃磚成為光的路徑，引入明亮。

期待清爽整齊的玄關就以便利的大型收納櫃達成夢想

只有鞋子需要收納的情況，一般玄關鞋櫃便足以應付。實際上卻可能連同雨傘、大衣、嬰兒車、高爾夫球具等都堆放在此，想要擺放在玄關的東西出乎意料的多。如果玄關沒有足夠的收納空間，只好將這些雜物堆放在入口一角。原本玄關代表著一個家的門面，卻因為雜物的關係僅剩進出室內外的機能，頗為可惜。

遇到這種情形，在入口處就可直接進入的收納區便大有用處。小型住宅的玄關坪數有限，不妨捨去走道或門廳，規劃成大型收納空間。收納家具選用釘子組裝的無塗料合板，或是只放置活動式層板收納架便可節省成本。為了避免通風不良產生濕氣，一定要安裝換氣用的窗戶。

利用價值大的落塵區倉庫

直接與落塵區相連的玄關收納區。落塵區多為容易清潔的材質，即使沾上塵土或被污垢弄髒的物品也可安心放置，不用顧慮太多。除了擁有可自由調整層板高度的鞋子收納區，也預留了可收放運動器材等大型物品的空間。

家人專用入口直接設於收納區內

落塵區直接與走道盡頭的鞋櫃收納區連結，使這裡成為家人的出入口。可以收納外套、包包等物品，輕鬆整理回家物品，亦是暫放客人隨身物品的實用場所。

坪數實在有限 不如乾脆 捨去門廳

玄關一般是由落塵區與鋪設木地板的門廳構成，再從門廳通往走道或室內。不過也可以拋開這個固有格局，讓落塵區直接與室內相連。

這種方式特別適合建於狹小用地的住家，不但能節省門廳坪數，並且室內到玄關落塵區僅有一個連結空間，因此小住宅也可擁有寬敞感。為了提高冷暖氣的功效，可在玄關落塵區與室內之間裝設一道拉門。訪客僅親戚或鄰居等關係親近的住戶，也適合這種「不須特別在玄關社交寒暄」的住家。

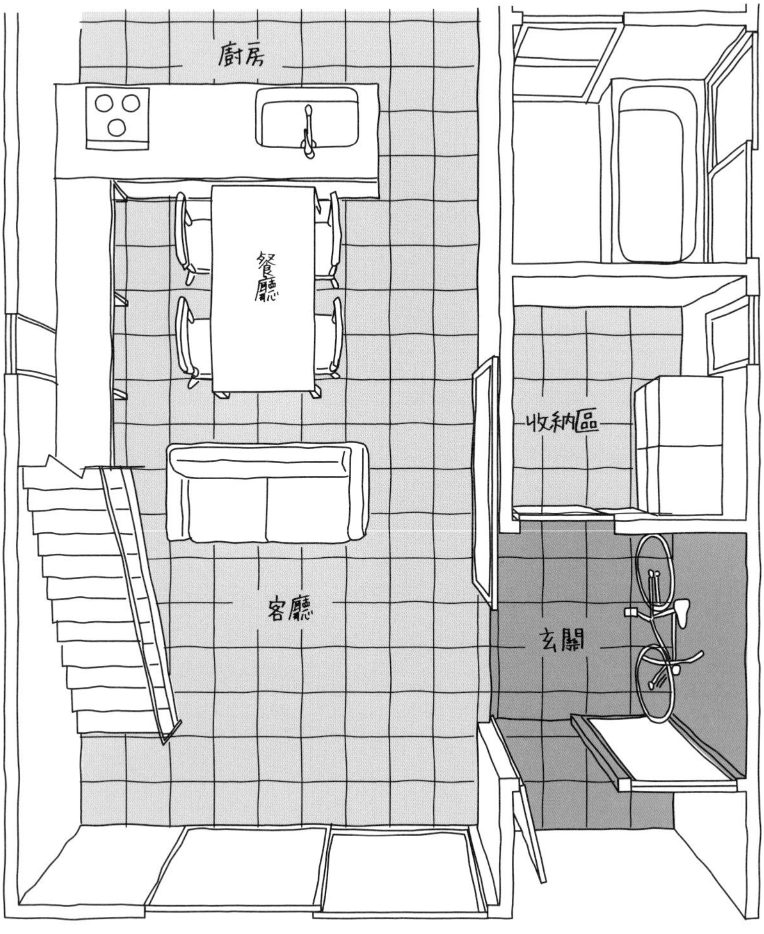

統一使用建材 連結空間 打造一體感

捨去門廳，由玄關落塵區直接通往客廳的住家格局。玄關落塵區採用與室內地板相同的材質，並且將地板落差減到最小，空間自然而然融為一體。為了提高冷暖氣的功效，在玄關與室內之間設置了拉門。

玄關大門對外的印象也很重要

玄關大門是決定住宅外觀第一印象的重要關鍵。繪本或小朋友的畫裡，經常出現面孔般排列的窗戶與大門，將大門設計於正面，宛如擁有表情的建築物會自然洋溢溫馨感。

沒有高聳圍牆環繞住宅四周，從道路上一眼就能看見的大門，給人面對街道的開放印象。容易帶來「這戶人家是由這裡進出」的聯想，客人或鄰居也能輕鬆拜訪。位於人來人往的道路旁，能見度高的大門反而具有防盜效果。

藉由與道路的高低落差保有剛剛好的距離感

玄關大門前，面對道路的開放式步道，藉由高出路面數個階梯的距離，讓住戶保有一道無形隔閡。住宅用地內的落差，正好作為車庫使用。

直到家門口都精采紛呈的玄關步道

通往住家玄關的步道，綠意盎然地向前延伸，客人便會對拜訪的住宅氛圍充滿期待。道路到建築物的距離越長，中途的景致越豐富，客人越會抱持著滿心期待的雀躍感來訪。

規劃步道的關鍵，是盡量將通往建築物的距離拉長，以迂迴繞行的方式使建築物若隱若現。只要無法一眼看見玄關，就能營造戲劇般的視覺效果。讓圍牆或柵欄等室外造景設計、材質與建築物同調，塑造整體感的外觀。此外，對於景觀植物的挑選及種植方法，也要多費一番心思。

歐風小徑般的盎然步道

鋪設著天然石材的步道不採直線設計，而是蜿蜒繞行。從一般道路進入大門，行經綠意盎然的庭院，一扇洋溢暖心質感的原木大門正在眼前，迎接訪客的到來。

收納空間

為了讓生活中不可或缺的各式用具易於拿取，不用時輕鬆收納整理，規劃這樣的收納空間不但有其必要，而且能大大提升生活便利性！

為將來預留充足的收納空間 起初空空落落才剛好

大多數對於規劃收納空間感到困擾的是，要擁有充足的收納空間？還是以房間的寬敞為優先考量？

不少人認為「只要減少身邊的雜物，便可降低收納空間的需求，讓房間變得更寬敞」，但其實東西減少只是暫時性的，日後還是會變多，屆時往往得另行購置收納家具。於是參差不齊的櫃子之間形成空隙，也破壞了室內裝潢的整體感，原本寬敞的寶貴空間又被家具占據。既然物品勢必會變多，不如事先多預留一些收納場所，最初時讓收納櫃空空落落，反而比較剛好。

自認為「家裡物品不多」的人也要特別注意。尤其是好幾年未曾搬家的人為最，有不少住家的儲物間其實都塞得滿滿當當，新居落成要搬家的時候才發現，東西多得根本擺不下。總而言之，多留一些空間是規劃收納的不二法則。

配合物品尺寸打造櫃子深度 收納整理輕鬆又方便

預留充足的空間是規劃收納的基本觀念，但增加收納空間並不代表需要很多太深的收納櫃。例如日式壁櫥，充足的深度適合收納寢具之類的大型物品，但除此之外的其他小東西（書籍、CD、衛生紙及洗衣劑等），通常會因為堆放在櫃子深處而忘了這些物品的存在。取用時也得將前方的東西移開才能拿取，相當不便。櫃子的深度若是與收納物品大小相當，擺放起來便一目瞭然，無論拿取或歸位都很方便，即使不擅長整理的人也能輕鬆上手。由於日常生活用品的尺寸大致可以歸類，只要擁有下列表格中這六種深度的櫃子，幾乎所有物品都能輕鬆收納。

為了方便取用，最基本的收納概念是將使用頻率高的東西，放在視線高度至腰際這一範圍；使用頻率低且較輕的物品，收納在比視線高的地方；使用頻率低且較重的物品，收納在腰際以下的位置。

〈深度〉	〈收納物品〉
15cm	文庫本、CD、衛生紙等
20～25cm	A4文件等
30～35cm	鞋子、書籍、文具等
40～45cm	衣物、餐具、烹飪器具等
50～75cm	衣物等
75～80cm	寢具等

出乎意料好用！便於管理日用品的深度15cm收納櫃

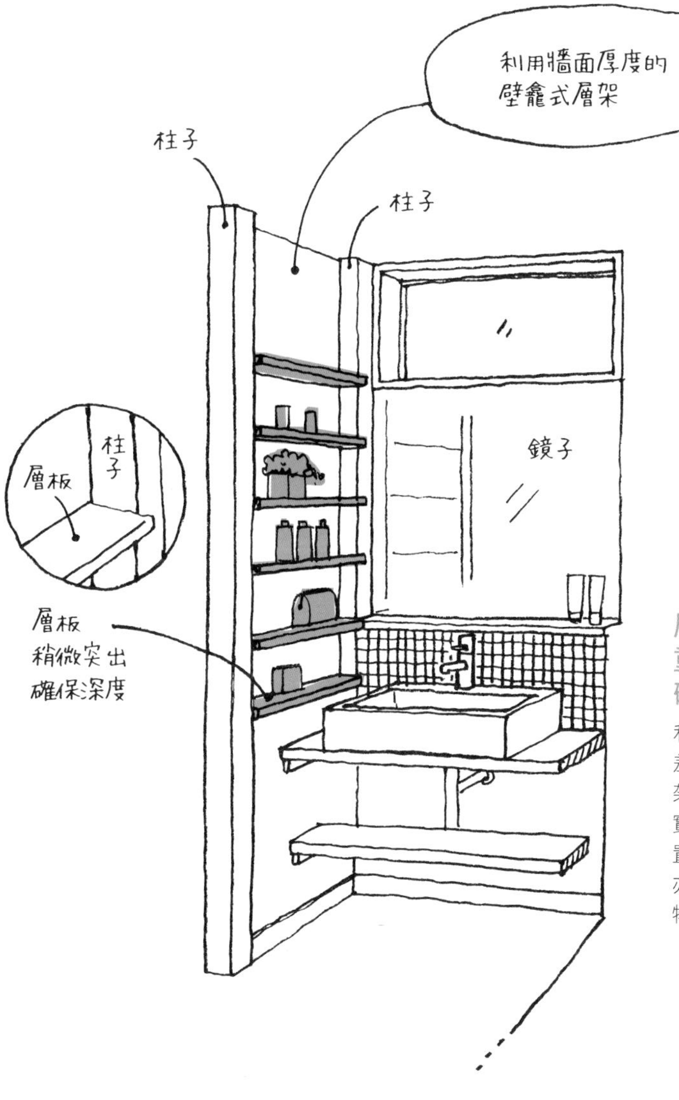

層板向外突出也無妨 重要的是 確保10cm以上的深度

利用牆壁與柱子間的厚度落差，在洗手台旁裝設壁龕式層架。藉由稍微突出的層板，確實保有所需深度。除了可以放置牙刷或化妝品等日常物品，亦可運用層板深度擺放觀葉植物裝飾的多功能收納架。

正如先前所述，若是將零星雜物收放於過深的架子上，不僅不方便拿取位於後方深處的物品，也容易在不知不覺間忘了它的存在。面紙、衛生紙及洗衣劑等日常用品中，只需要深度15cm的收納架就能整理擺放的品項，出乎意料的多。淺層的收納架可以讓存放物品一覽無遺，十分有助於庫存管理。

至於收納架的放置場所要在哪裡？一種方法是在設計之初就拓寬生活動線的走道，然後在牆面設置收納空間，如此一來，就能成為全家人共同輕鬆使用的存放點。利用牆面落差設計的壁龕式收納架。通常只有10cm左右的深度，儘管如此，設在廚房可以成為調味料收納架；設在盥洗室可以擺放牙刷、漱口杯及化妝品小物等，依然可以靈活運用於各個空間。無論如何都想保有15cm的深度時，不妨在建造時將預定裝設壁龕的牆壁加厚，或是如同上圖，讓層板稍微往外突出。

與其他物品收納分隔獨立 著重衣物收放空間的配置方案

衣服穿了之後必須清洗晾乾，曬乾之後再摺好收起來，如此日復一日。由於這是每天例行的家務事，因此如何規劃一個可輕鬆管理全家衣物的收納空間是一大課題。由於近年快時尚潮流的興起，便宜的價格即可買到時下流行服飾，因此連同爸爸及小孩都擁有許多衣服的家庭已非少數，保有充足的收納空間是必須的。基於這個理由，規劃收納時，須另行重點配置衣物收納，與其他收納空間區隔開來。

一般而言，在主臥室、兒童房內分別設置個人專用的衣櫥是常態，因此要放回清洗乾淨的衣物時，就得大費周章繞行各個房間。在此建議，採用可收納全家人衣物的大型衣帽間，若能盡量讓洗衣機與晾衣場靠近衣帽間，不但能減輕每日處理家務的負擔，換季時也能更加輕鬆。

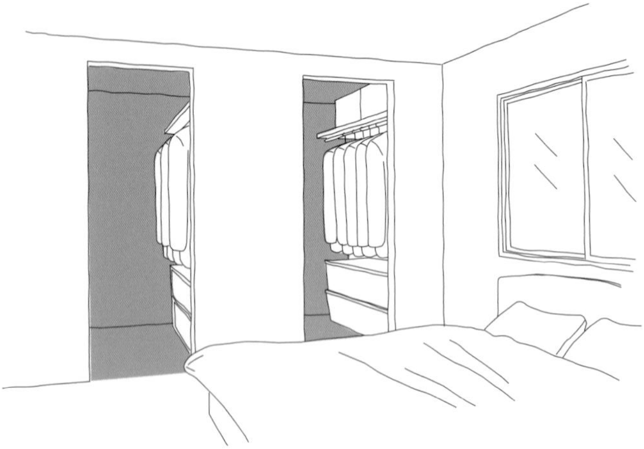

收納夫妻各自擁有大量衣物的專用衣帽間

此為屋主夫妻各自擁有大量衣物的住宅實例。主臥室裡設置了各自獨立的衣帽間，由於屬於自己的單品小物一目瞭然，穿搭時輕鬆又省事。緊鄰的兩個衣帽間也方便歸整洗曬好的衣物。

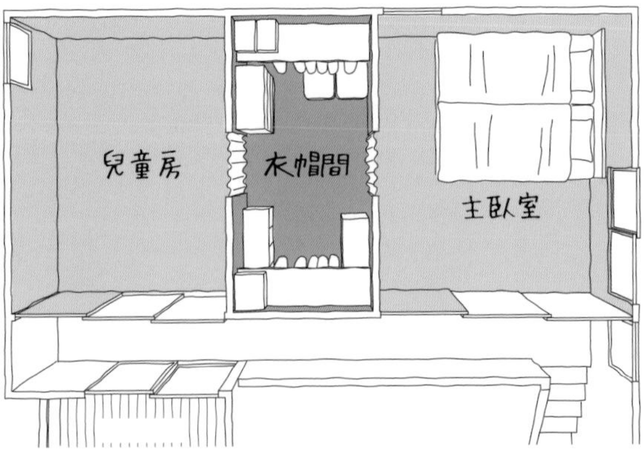

兩個房間共用雙向進出的便利衣帽間

在主臥室與兒童房之間，規劃了任一房間皆可進出的共同衣帽間。同時也鄰近陽台的晾衣場，方便收納洗淨的衣物，形成一條有效率的環狀家事動線。

在各個房間設置壁櫃
不僅方便收放物品亦可輕鬆維持整潔

使用完畢的物品就要物歸原處——這是讓房間維持井然有序的祕訣。但是收納空間離得太遠，或是收納場所難以收放取用時，通常就會嫌麻煩而隨手放置，想說之後有空再物歸原處。

在每個房間設計壁面收納櫃，將物品收納於隨手可及之處，要用的時候就能快速拿取，使用完畢之後亦可立即物歸原處。尤其是長時間使用的客廳或餐廳，作為放鬆的空間，總是希望這裡井然有序，但不知不覺間桌上便會堆滿雜物。請務必仔細規劃壁櫃，保持空間的舒適度。只要壁櫃拉門與牆面顏色相同，便能融入整體空間，不會帶來壓迫感。

設置壁櫃似乎會讓房間顯得狹窄，但其實凌亂不堪的房間才會看起來比實際坪數狹小，井然有序的房間反而會顯得較為寬敞。只要在壁櫃預留空間，當訪客突然登門拜訪，便可將私人雜物暫時收進櫃子裡。

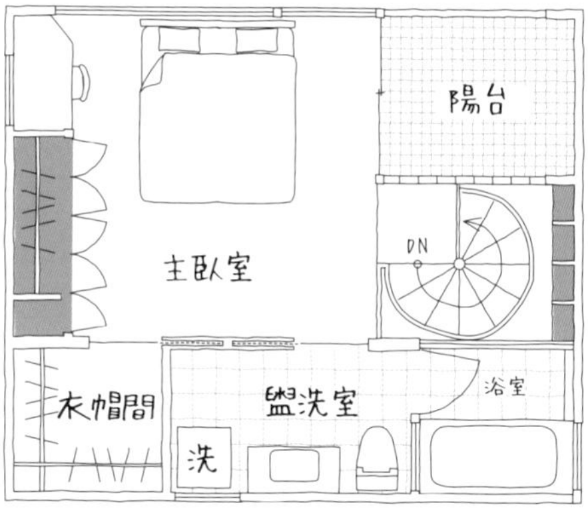

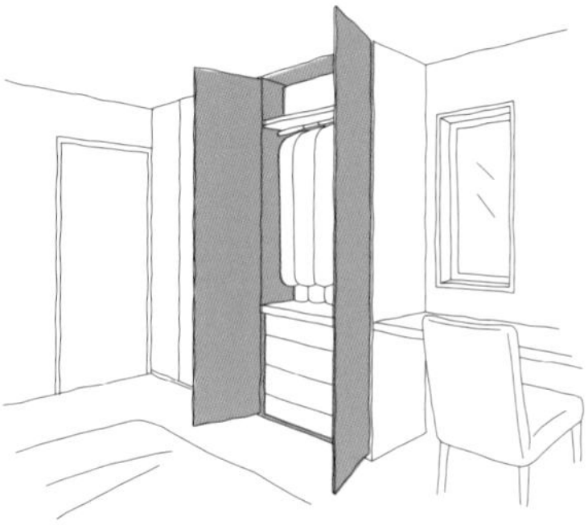

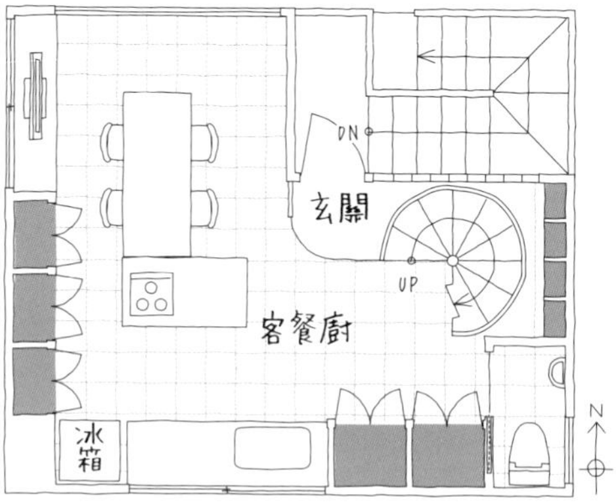

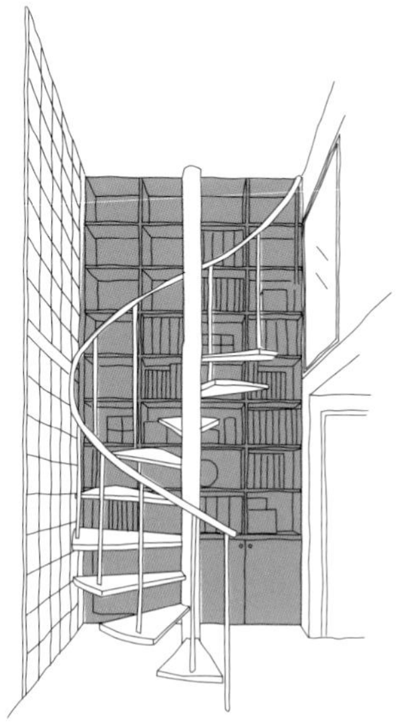

充分活用
公共空間的牆面
取得大量收納空間

無論是開放式的客餐廚，還是位於樓上的主臥室，都設置了許多壁面收納櫃。連結上下樓層的螺旋梯一側，更是從地板到天花板整個牆面都作成收納櫃。依各個空間的收納需求調整櫃子深度，讓空間使用更有效率。

低成本的「實用儲藏室」讓生活更方便

「每個房間都想設置收納空間，但恐怕會是一筆不小的花費……」若有這樣的煩惱，不如化零為整，直接打造一個「實用儲藏室」。之所以稱為「實用」，是因為這裡儲放的是「要用的物品」，而不是沒在使用暫時堆放的物品。最重要的規劃重點，在於必須讓全家人覺得日常使用很方便。為了達到這個目的，可先測量要放進儲藏室的家具尺寸，再依此規格預留牆面長寬。相較於正方形格局，長方形比較不浪費空間。不大不小的坪數反而難以運用，因此物品很多的住戶，不妨預留3坪以上的空間作為儲藏室。

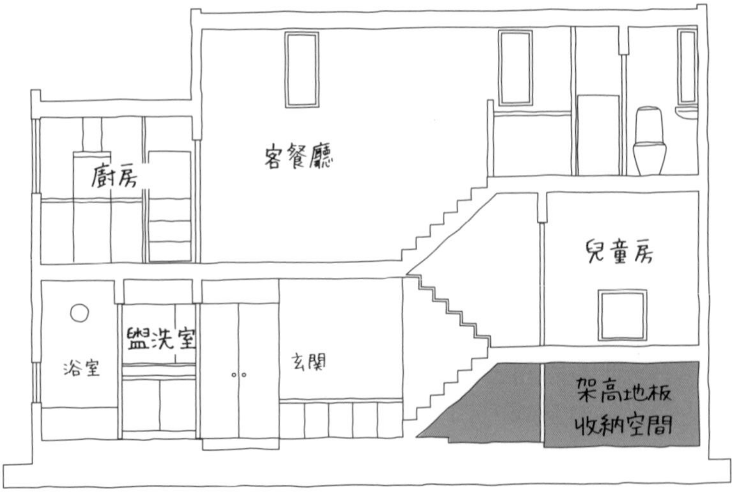

架高地板作為收納空間主軸的錯層設計

最初設計時就希望能夠擁有大型收納空間。於是在一樓北側設置了一個高度為140cm的收納空間，藉由收納空間產生的架高地板落差設計錯層，因此土地面積雖小，仍然能夠擁有寬敞的生活空間。

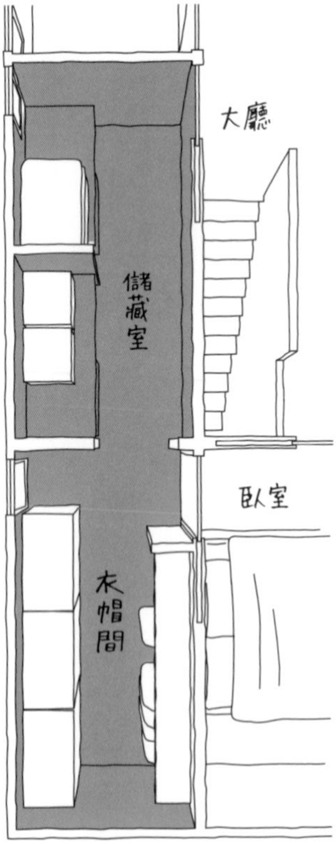

結合儲藏室&衣櫥運用起來更方便

兩個收納空間加起來約有4坪大。從一家四口的衣物到備用寢具，全家人的物品幾乎都收在這裡。具有雙向出口，走道（大廳）與臥室兩邊皆可進入收納空間，環狀動線讓家人收放取用都更加方便。

想要使用的物品放在想要使用的場所正是收納的祕訣

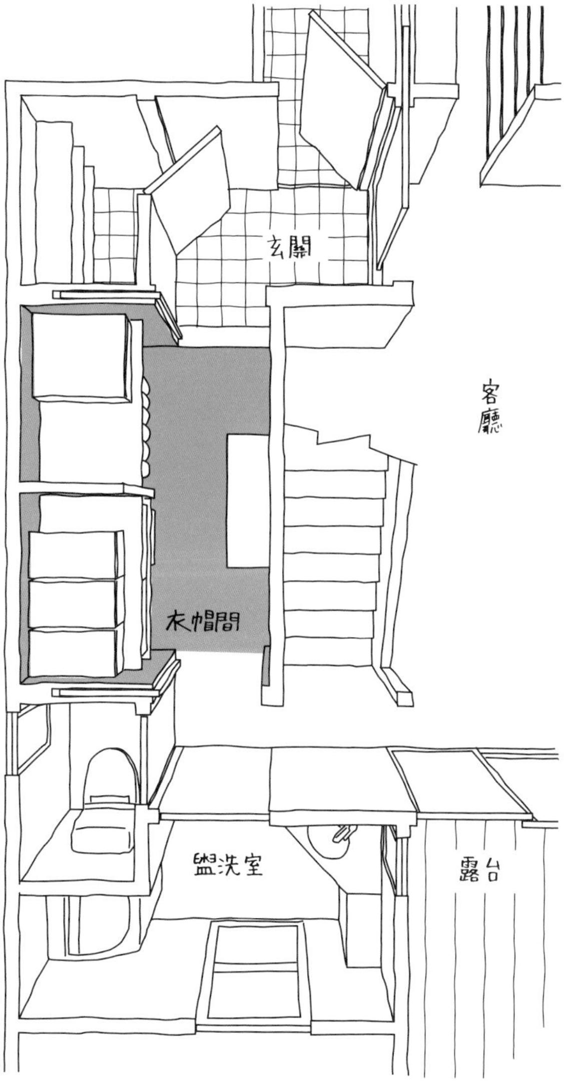

玄關＆盥洗室之間的走道式衣帽間

一天之中需要換衣服的時刻，大概是在出門前、回家後以及洗澡前後。基於這點考量之後，在玄關與盥洗室之間設置了全家共用的衣帽間。不但省去來回前往二樓拿衣服的時間，也讓生活動線更加順暢。

認為日式床墊就該收在壁櫥裡、衣物就該收在衣櫃、食物就該放在儲藏室……這樣刻板的觀念只會徒增不必要的儲物空間，反而無法擁有便利有效率的收納。有時只為了收個東西，卻得繞來繞去浪費時間。不須拘泥於「衣帽間」、「鞋櫃」、「壁櫥」等名稱，將家人的收納習慣列入考量，靈活規劃出適合且需要的收納空間吧！

無論是將衣服或食物放在玄關收納櫃，或是將玩具、書籍收在衣櫃裡。所謂的收納，說穿了只是「儲藏東西的地方」。不需要訂作太多櫃子，依照需求利用市售抽屜，規劃出得心應手的收納吧！

連同空調一起「收納」打造完美無缺的室內氛圍

斜角天花板
邊際的空調
以木百葉圍起

安裝於斜角天花板最高處的空調，以百葉形式的木作整個罩起。百葉窗的材質與天花板一樣皆為木製，顏色也幾乎相同，自然而然地融入洋溢休閒風情的室內裝潢。

空調可說是現代人的生活必需品，但是安裝在顯眼的地方，難免會破壞精心設計的室內風格。尤其是客廳這樣的休閒空間，最好也將空調「收納」起來，降低其存在感。建議將空調安裝於壁面收納櫃的上方，讓它位於最不顯眼的地方。落地型的冷暖氣，可以事先規劃設置在壁面收納櫃，或放在電腦桌下遮蔽機體。不管空調安裝在哪裡，只要使用與收納櫃或牆面同色系的百葉窗罩起，即可大幅消除存在感。

此外，還可以選擇嵌入天花板內的吊隱式冷氣。一般認為這種類型的空調價格昂貴，但實際上未必如此，依據品牌型號或經銷商還是會有所變動，不妨先上網比價，或向施工業者諮詢。安裝時要注意，避開沙發上方的位置，免得冷暖風直吹頭頂，造成身體不適。

在櫃子中設置插座收納的同時一併進行充電

在收納日用家電的樹櫃裡備有插座會很方便。以盥洗室裡不可或缺的吹風機為例，只要將插頭插進插座，收進櫃子裡的吹風機一拿出來就可以直接使用，省去插插頭的麻煩。雖然只是一些小細節，但是每天都能省去這些手續，日常生活卻會感覺格外便利。需要充電的物品，不但可以連同充電器一起收進櫃子，還能在收納期間充電。無論何時電器都是充飽電的狀態，可以馬上使用。例如往往破壞盥洗室整體感的電動牙刷或刮鬍刀，就可以藉由這種收納方式獲得改善。充電式吸塵器也是相同的道理，只要連同充電器一起收進櫃子裡就不會礙眼，亦可收納於客餐廳，以便需要時能快速清掃房間。

電鍋之類不想讓他人從客餐廳看見的廚房家電，規劃放置於檯面下方時，可將電鍋置於內部備有插座的抽拉式層板上，只要將層板拉出便能使用。

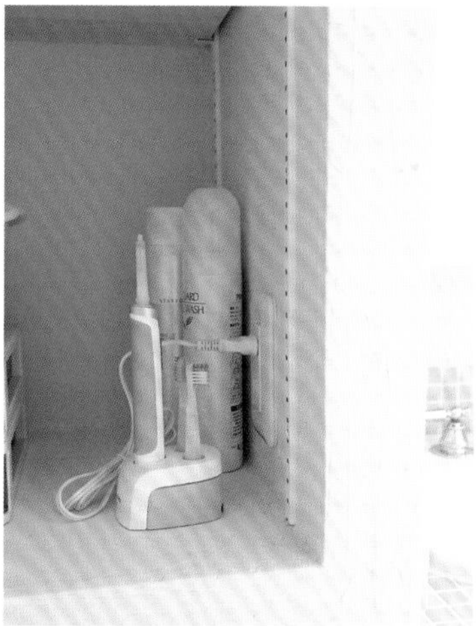

電動牙刷＆充電器一起收進櫃裡
空間整齊又清爽

櫃子內部備有插座，因此可一併收納電動牙刷與充電器。既不會破壞天然木與馬賽克磚營造出的自然氛圍，清爽環境也能讓客人舒適地使用盥洗室。

經常被遺忘的垃圾桶
事先妥善規劃擺放位置吧！

流理台下方的分類垃圾桶收納空間

事先在流理台下方規劃了放置分類垃圾桶的空間，以便烹飪時隨手作好垃圾分類。因應需求，裝設了一個可快速拉取的抽屜式收納櫃，讓丟垃圾這件事變得更方便，不會打亂烹飪的節奏。

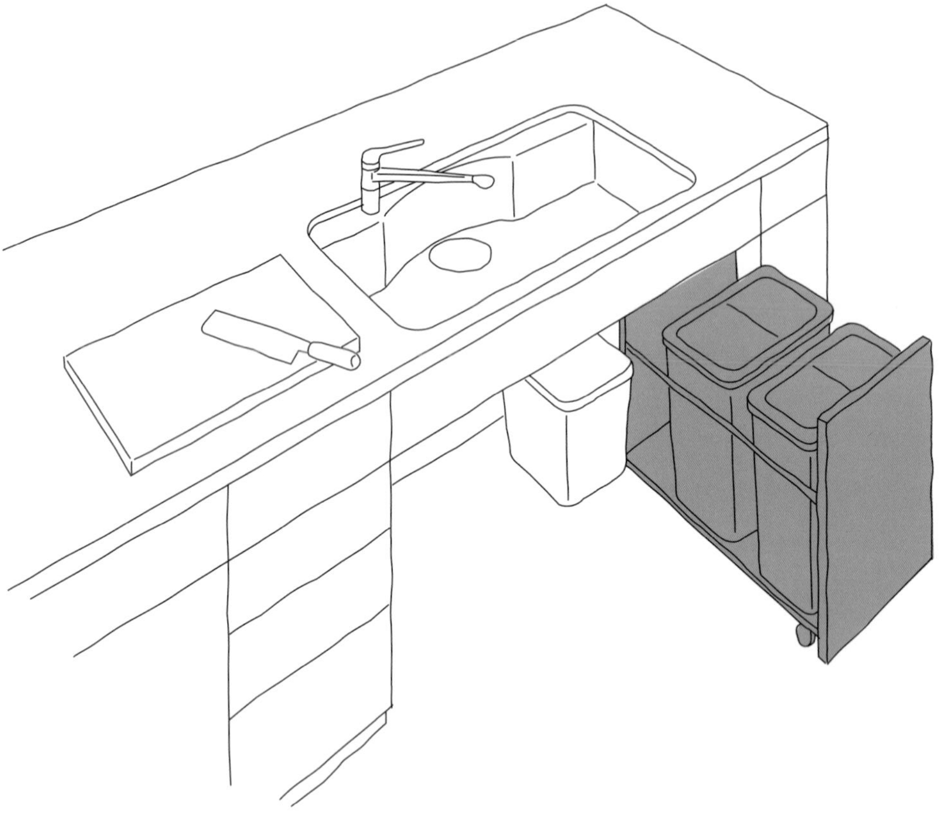

廚房收納問題中，意外傷腦筋的是垃圾桶該擺在哪裡？最近各個地區都相當重視垃圾分類，建造新房時若沒有妥善安排垃圾桶的位置，可能會發生從餐桌便能一眼看見垃圾桶的情況。而位置不固定的垃圾桶，則會阻礙原本流暢的動線。

適合放置垃圾桶的位置，有廚房流理台底下、壁面收納櫃裡或儲藏室的某一區。預估一下各種類別垃圾在一段時間會累積的數量，並且準備一個可容納這些量的垃圾桶，再來就是確保有足夠的空間可以擺放垃圾桶。

也可在戶外設置自家的垃圾收集站，方便家庭成員使用。廚房在二樓的情況，不妨在二樓設計一個小陽台，這樣就可以把垃圾桶擺在小陽台了。

收納不侷限於室內 一併規劃周圍空間的運用方式吧！

直接在住宅外側設置收納空間，反而會便利許多的儲放物品其實不少，例如戶外用品或庭院打掃工具等。拿取存放時不須從室內搬進搬出，也不用擔心塵土會弄髒收納空間。

不影響房屋外觀的前提下設置收納空間的方法，是在外牆的某一區塊設置戶外用品儲藏室，並且直接在外牆裝設門扉。若是設計在與室內儲藏室相鄰的背對位置，室內便不會出現不自然的畸零角落。推薦將樓梯下方的大空間分隔成兩半，一區作為室內收納，另一區作成戶外用品儲藏室的方式。

傳統的戶外儲藏室也是一種方法，直接沿用不免顯得乏善可陳，外觀不妨採用與住宅外牆相同的材質，讓整體擁有一致感。用地面積尚有餘裕的情況，可在戶外庭院設置一間山中小屋般的獨立式儲藏室，營造出想像不到是一間儲藏室的氛圍。

玄關旁的戶外用品儲藏室 鄰近車庫搬運也方便

在玄關旁的外牆上設計了戶外用品儲藏室，方便直接在外拿取存放的實例。儲藏室前方就是停車位，十分方便搬運裝載戶外用品等設備。與室內儲藏室相鄰並列的位置，不會形成室內不自然的凸角，維持了家中方正的格局。

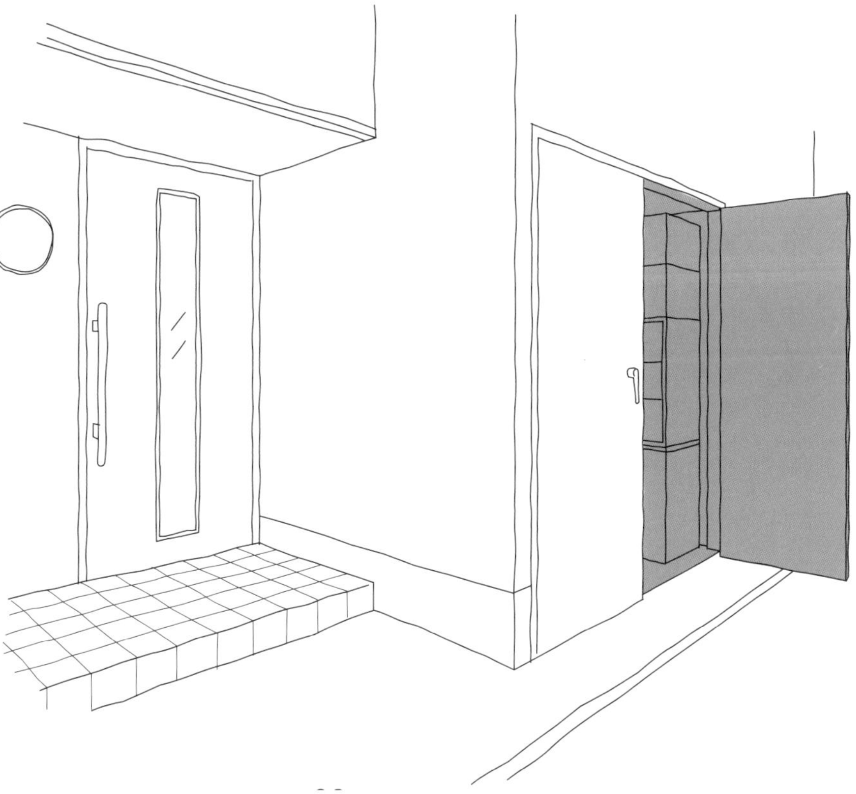

心靈充電站

難得建造一棟屬於自己的房屋，當然要擁有一個可以享受個人嗜好的空間。接下來將以多個實例，解說如何打造一個輕鬆舒適，讓大家可以沉浸於各自喜好的空間。

設置於走道或起居室一角的全家共用工作區

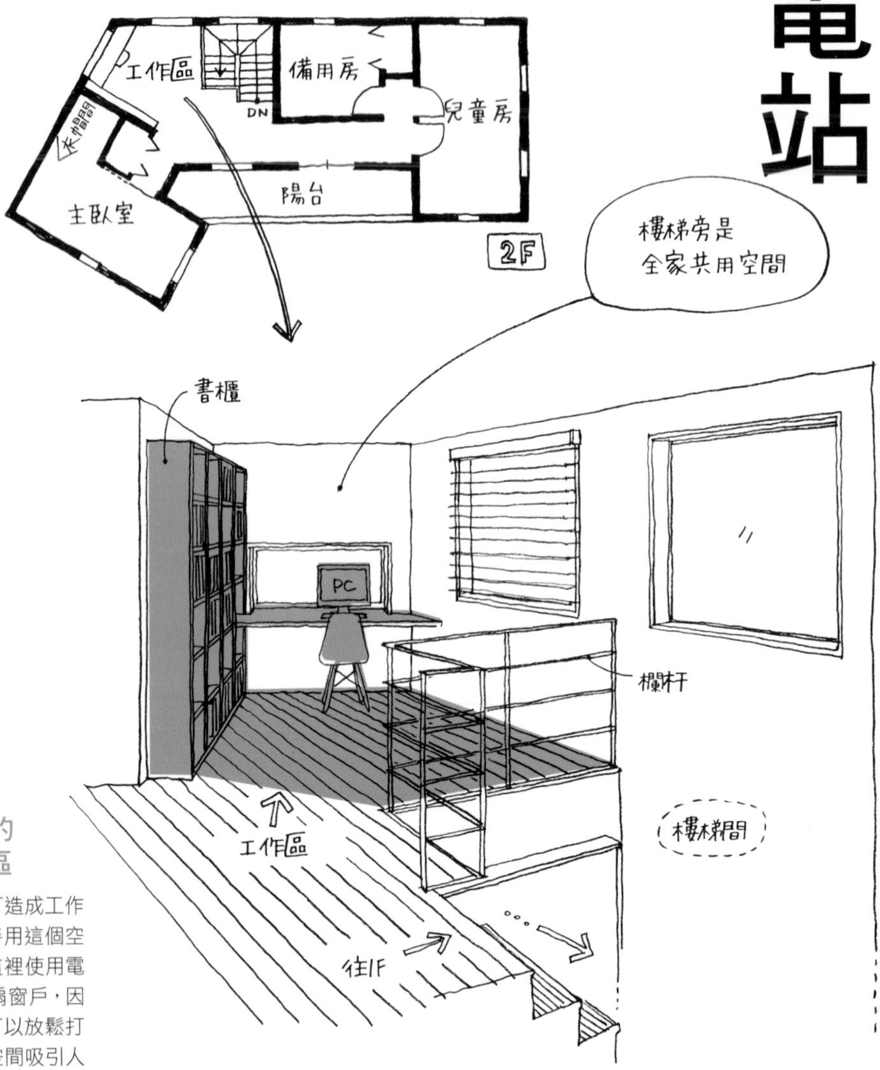

設置於樓梯旁的全家共用工作區

將二樓的公共空間打造成工作區，不僅家長可以善用這個空間，孩子們也會在這裡使用電腦。桌前正對著一扇窗戶，因此不會有封閉感。可以放鬆打發時間，正是這個空間吸引人的地方。

「希望擁有一個家人共用的工作區」、「希望塑造一個自然而然聚集家人，聯絡感情的空間」因應如此需求而設置全家共用的工作區已經相當普遍。有些是在客餐廳一角設置電腦桌，或充分運用走道空間規劃為學習區，發揮各種巧思滿足對共用空間的需求。

匯集家人各自藏書的圖書室也很有人氣。孩子藉由翻閱父母愛看的書，自然產生共通的閱讀體驗，也因著一本書的契機擁有了共同的話題。設置高達天花板的頂天書櫃，便可容納許多書籍。

書架可以設置於走道牆面或樓梯周圍，打造一個讓大家忍不住停留的空間。例如將走道稍微拓寬，再放張小書桌，營造一個有別於開放式客廳的靜謐空間。

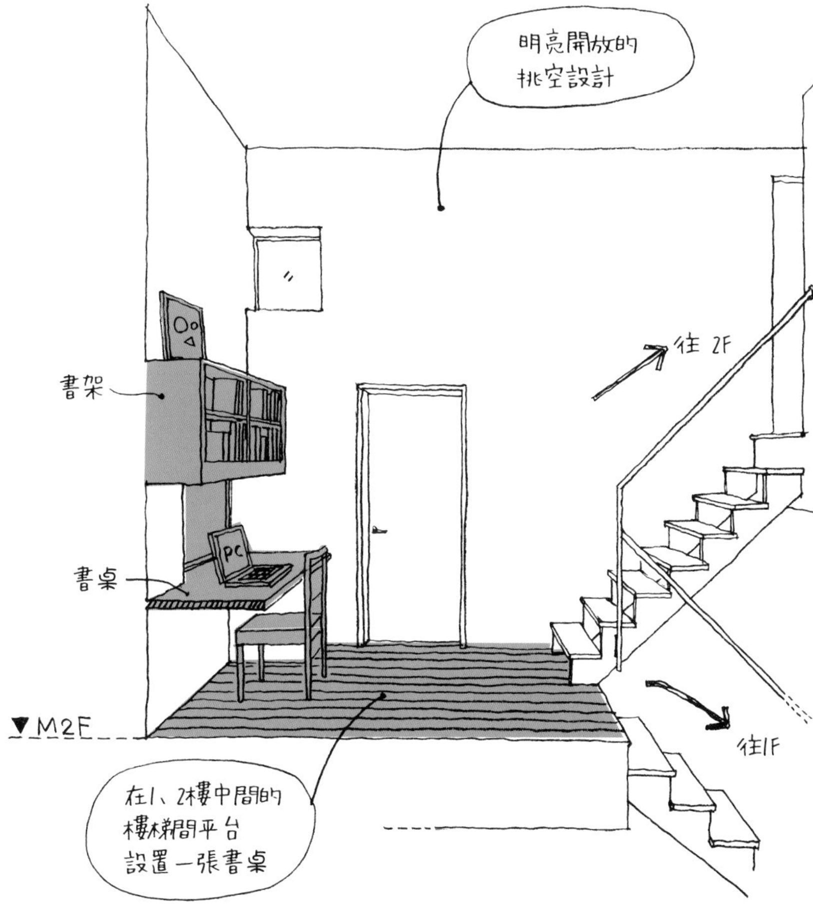

運用錯層落差設置一個閱覽區

特地將一、二樓中間的樓梯間平台設計得寬敞有餘，再訂製一個壁架式書桌。由於剛好位於客餐廚通往兒童房的動線上，形成家人不自覺在這裡停留休息的格局。地方不大，但挑空設計帶來了自由流暢的開放感。

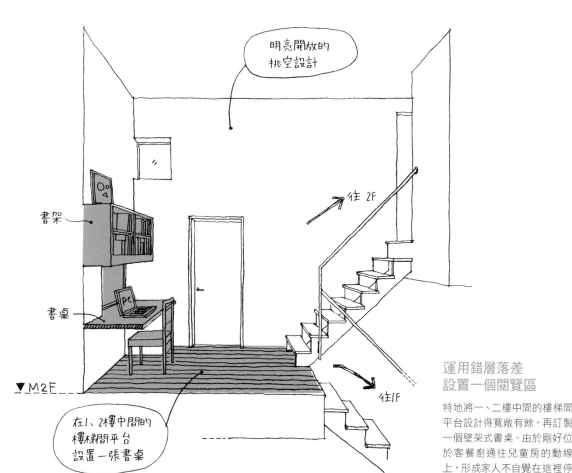

專注沉浸於童裝製作的工作室空間

藉由一扇拉門與客廳相連的個人工作室。根據女主人製作童裝的便利性，以及考量工具＆材料的收納整理而規劃的空間。可愛童裝與小物就這樣在此誕生。

盡情追求興趣之樂的個人工作室！

喜歡手作的人總是嚮往擁有個人專屬的工作室。最理想的狀態是採開放式格局，盡量離客餐廳近，在製作的同時也能掌握家人的動靜。若使用的工具不具危險性，也可將工作室作為孩子的遊戲空間。不想讓客餐廳的人看到自己工作時的模樣，不妨使用活動式拉門來區隔空間。

個人工作室之所以方便的原因，是可以將製作中的材料或工具維持原樣放置。不需要像在客餐廳等生活空間工作那樣，每逢用餐或聚會就得收起。可以將半成品擱在工作室等到下一個假日再繼續完成，光這一點就讓手作更貼近生活了呢！

兼顧日常工作機能的理想麵包坊

女主人在自家住宅經營個人麵包坊，並將天然酵母製作的麵包批發給咖啡館。自由通往廚房與玄關的格局，可同步進行麵包製作與每日家事。

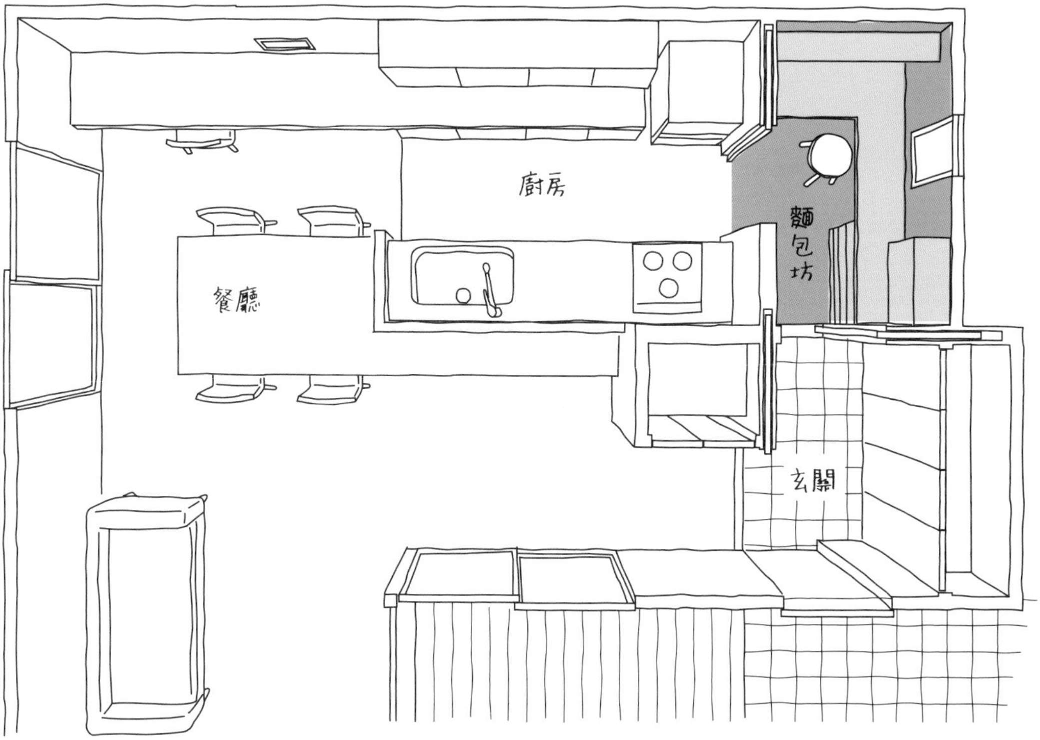

藉由全家共用的圖書室拓展孩子的求知欲

一般家庭會把兒童圖書收在兒童房，大人閱讀的書籍則收在書房或臥室，在此則推薦設置家庭成員共用的圖書館，將全家人的書都放在一起。即便是哥哥姐姐在看的難懂書本，或跟父母工作內容有關的書籍，孩子們也能大概推測書中的內容，進而瞭解家人的興趣或父母親工作的內容。未知領域的書籍近在身邊隨手可得，孩子們也會因為新發現而有所得。

至於圖書室要設在哪裡？只要是家人使用的公共空間都可以，例如走道、樓梯間、客餐廳及工作區等地方。一些方便隨身閱讀的小開本書籍，可以直接利用牆面厚度設計的淺型收納架擺放。

成為家人聚集空間的共同圖書室

根據女主人的期望，特地在餐廳訂製了一整個牆面的大書櫃。高度幾乎直達天花板，寬度足足有6.5公尺，可說是名符其實的書牆。孩子們放學回來後，經常待在書櫃前捨不得離開。

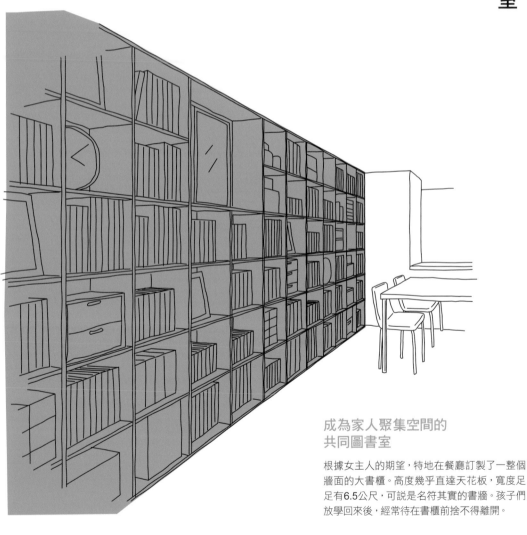

客餐廳上方的閣樓可以多功能運用

這間住宅的閣樓位於客餐廳上方，幾乎站著就伸手可及之處。雖然與客餐廳之間有著高低落差，仍舊令人感覺是一個共同空間。未來打算將閣樓作為孩子的學習空間，目前全家人的書都收放在外側的書櫃裡。

活用屋舍高度讓生活空間更加豐富多元

坪數有限難以營造出寬敞空間時，何不善用垂直高度，打造閣樓？挑高的室內設有閣樓時，視線會一下子縱向延伸，呈現豐富的立體感。

由於暖空氣上升的原理，閣樓容易滯留熱氣，因此要作好屋頂的隔熱措施，安裝吊扇、排風扇或氣窗等具備散熱效果的裝置皆可。想要裝設天窗時，記得避開陽光強烈的南側或西側才是明智的選擇。

孩子們特別喜歡從高處往下俯瞰，不同於平日的視野讓他們覺得很新鮮。客餐廳上方的閣樓明明與樓下的空間相連，但仍然有著密室般的獨立感，正是其魅力所在。

讓家人與客人同樂的藝廊空間

在門廳設置兼具收納機能的展示藝廊

門廳牆面使用一大塊軟木板作成展示牆，釘上孩子的塗鴉、電影或戲劇表演的傳單。鞋櫃拉門刷上了黑板漆，可以使用粉筆重複塗鴉無數次。

對孩子來說，最得意的一件事就是自己的作品被拿出來展示。除此之外，擺放親手製作的成品小物，或家人值得回憶的照片也很有趣。

因此，不妨在家人及客人都會經過的地方規劃一個小型藝廊吧！雖然稱之為藝廊，但不需要特別騰出專用空間。只是將軟木板貼在門廳或走道的牆面上，或一個裝飾架高的收納櫃便綽綽有餘。關鍵是要選在來訪的朋友、爺爺奶奶等人容易看到的地方，讓不同年齡層的來訪者產生共鳴，增加彼此之間的話題。

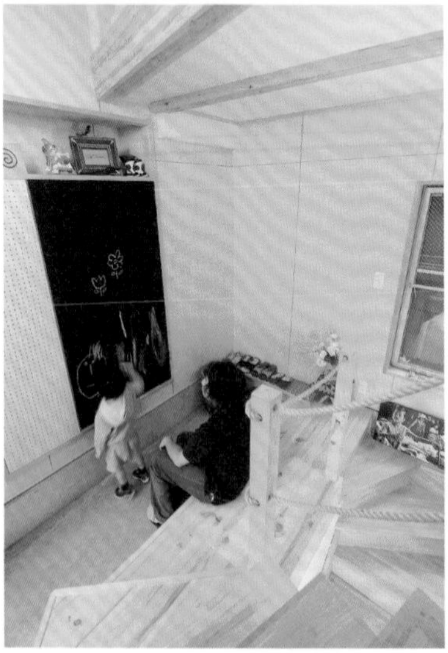

在上下樓梯的同時欣賞作品

仿照「吉卜力美術館」設計的螺旋梯。活用四周牆面擺設孩子的畫作，為了讓大家在上下樓梯的同時一邊欣賞作品，費了一番心思。照片裡的幾幅畫是小學三年級女生的作品。

身處室內也能享受四季景致的日光溫室

所謂的「日光溫室」指的是原本用來栽培植物的日光室或溫室，但最近有越來越多人將之規劃成多用途空間。打造像這樣以放鬆為主旨的空間時，最重要的設計重點是積極促進多方利用，不要閒置一旁。待在日光溫室是一種樂趣，望著它也是一種享受，盡可能提高其利用價值。

鋪上地磚，以玻璃建構屋頂，宛若室內陽台，淋不到雨的空間便完成了。身處室內仍然能夠感受戶外般的通透開放感。只要在客餐廳一角設計一個日光溫室，隨著季節更換內部擺設，光是看著也能令人感到愉悅。

感受大自然恩惠的室內空間

餐廳與半戶外日光溫室相連的實例。除了可以在日光溫室品茗或享用午餐，光是從室內眺望那陽光明媚的景致，就足以舒緩身心。是個讓生活多彩多姿的豐富空間。

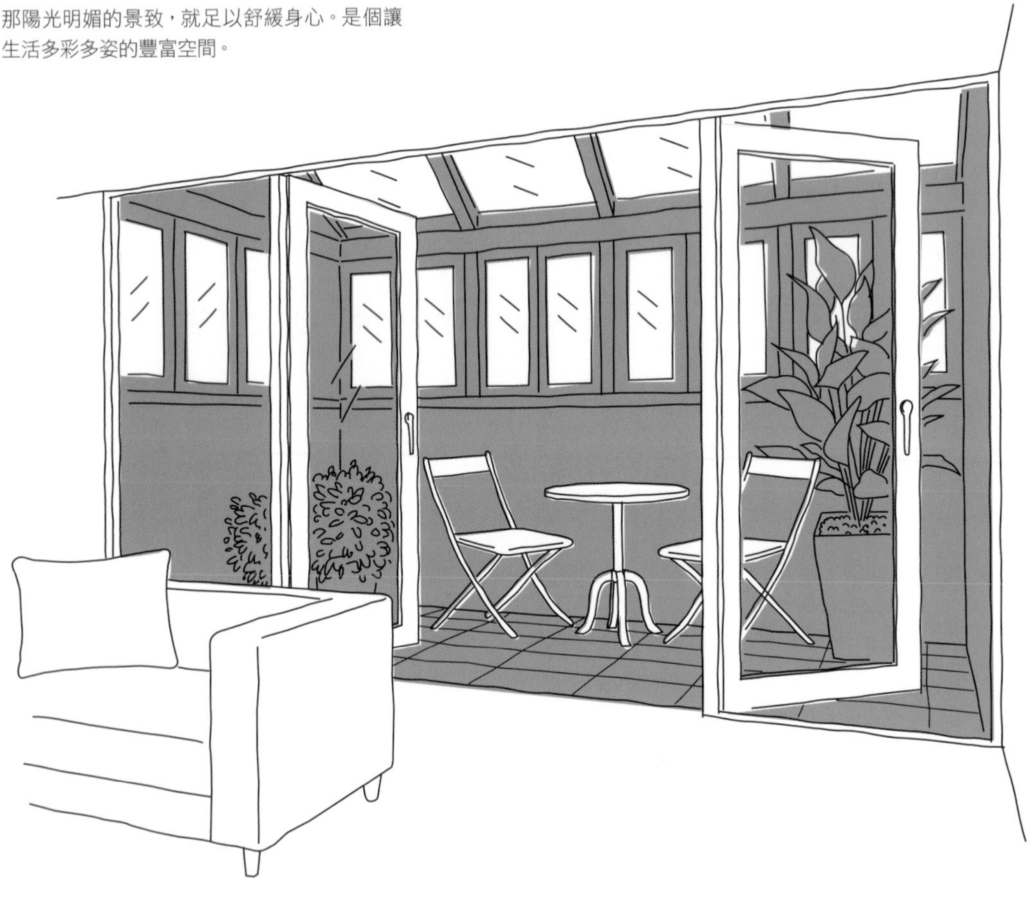

規劃擁有寬敞空間兼具興趣作業區的室內車庫

個人興趣若是需要運用許多工具，或需要足夠空間作業的類型，不妨善用室內車庫這個場所。對於熱愛汽車或摩托車的人來說，室內車庫可以避免愛車遭受風吹雨打，可說是日常生活中不可或缺的空間。

規劃得宜的壁面收納，可以省去翻找工具的麻煩，進而提升工作效率。這樣的車庫也適合喜歡DIY的族群，無須擔心四處飛濺的油漆或木屑會造成困擾，可以盡情大顯身手。喜歡露營或衝浪之類的戶外活動，也可以利用室內車庫存放大型用具或進行保養。建造時連同工作台、清洗區或用電設備等，一起列入設計方案事先規劃，日後作業會更加方便。

想要擁有舒適的作業環境，可以考慮裝台空調，如此一來任何季節都不會受到影響，可以長時間待在這裡處理作業，盡情享受個人興趣帶來的樂趣。

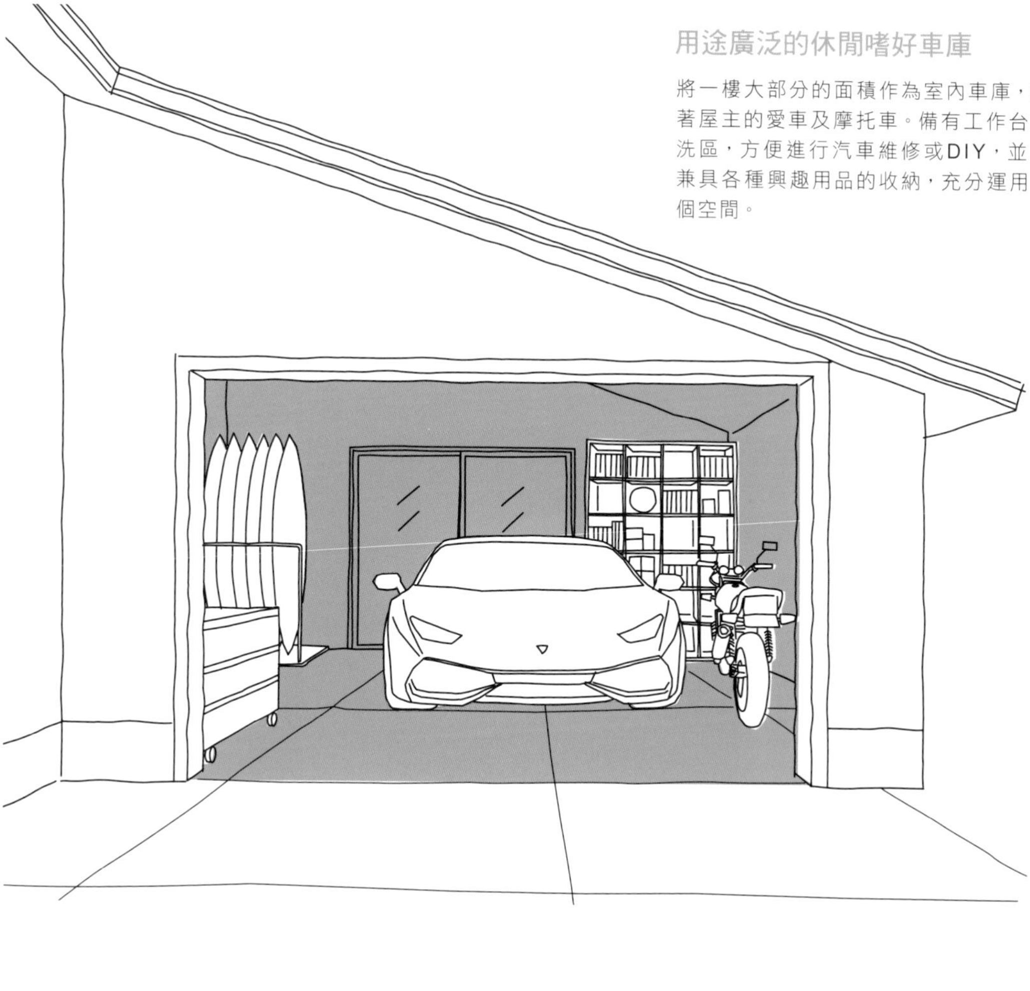

用途廣泛的休閒嗜好車庫

將一樓大部分的面積作為室內車庫，擺放著屋主的愛車及摩托車。備有工作台及清洗區，方便進行汽車維修或DIY，並且也兼具各種興趣用品的收納，充分運用了整個空間。

玄關落塵區的運用因人而異

「落塵區通道」化身成為室外客廳

位於住家與工作室之間的落塵區，地面鋪著磁磚加上庇蔭的屋頂，形成通道般的設計。不用擔心天氣變化，可以活用此處與愛犬玩耍、保養摩托車或養護盆栽。走道深處則是通向綠意盎然的庭院。

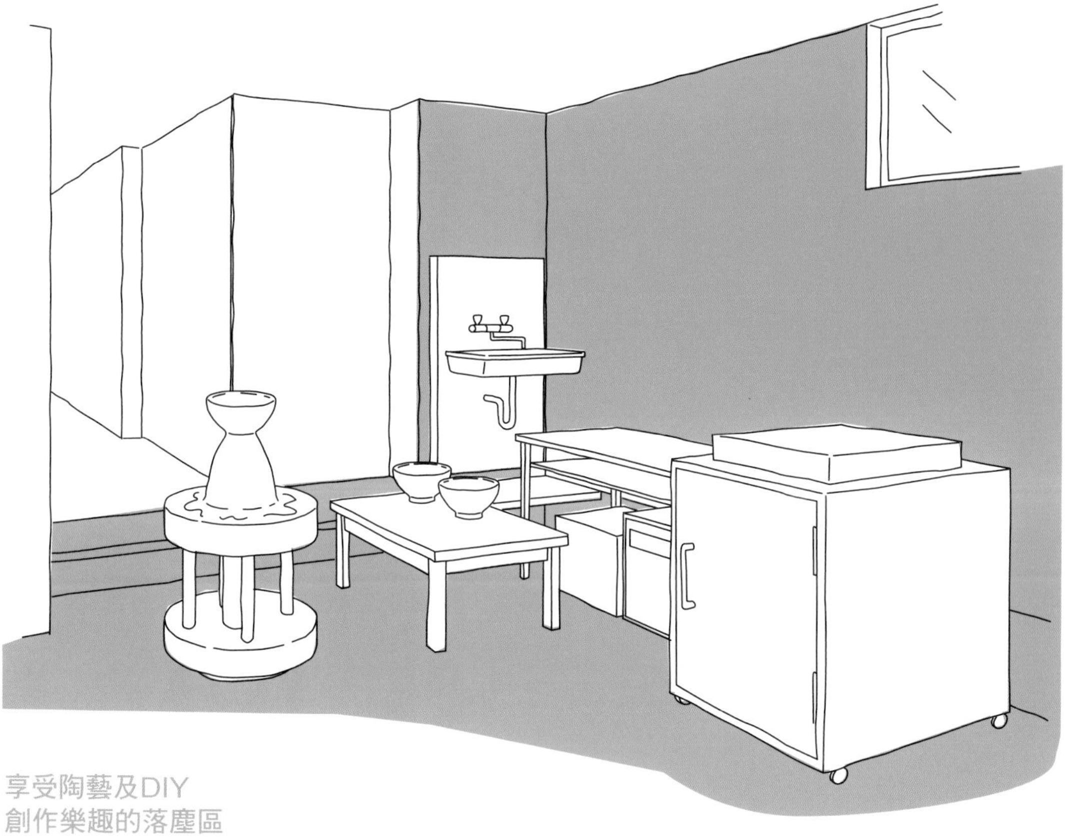

享受陶藝及DIY創作樂趣的落塵區

既是玄關落塵區又是個人工作室。藉由縮減臥室等處的坪數，獲得了4坪大的空間。不僅家人們可以在這裡享受DIY的樂趣，女主人也可以在此從事她喜愛的陶藝創作。一併設置的水槽，將空間的便利性提升至極。

可以進行DIY手作、幫寵物洗澡美容或保養腳踏車之類，充分享受嗜好樂趣而無須擔心弄髒環境的落塵區空間。就算對戶外活動沒有興趣，下雨天也可以讓孩子們在此玩耍、晾曬衣物，或暫時存放大型物品，是一個寶貴的多用途空間。

落塵區的格局分成兩種，一種是有屋頂庇蔭的室外空間，另一種是可以穿著鞋子活動的室內空間，規劃時依照使用目的，挑選合適的設計方案即可。若坪數有限，只要稍微拓寬玄關，用途就可以更多元。日後小孩出生或打算與父母同居，像這樣因應家庭成員增加而需要更多房間時，只要改建落塵區，鋪設木地板，便可以成為居住空間。

喜愛從事戶外活動 請將專用配備列入考量

無須在意天氣&髒污 方便又實用的 室外置物櫃

位於玄關大門外側的室外置物空間，所有戶外休閒用品及露營裝備都收納在此。由於大門前方就是車庫，因此下雨天仍然可以在保持物品乾爽的狀態下，自在進行裝載上車或卸下歸整的行動。

喜歡露營、釣魚或衝浪這類戶外活動的人，經常會有「沒有足夠的空間收納用具！」、「沒有保養這些配備的場所！」而傷透腦筋。建造房屋前，事先作好規劃就可以避免這種情況發生，盡情享受戶外活動帶來的樂趣。

推薦的規劃方案，是在玄關大門附近裝設大型置物櫃，並且讓置物櫃離車庫近一些，方便專用配備的裝卸。同時也建議在收納櫃附近裝設室外水龍頭，讓清洗用具的地方和置物櫃集中在一區，省去移動大型配備的麻煩。

衝浪愛好者不妨在室外設置淋浴柱之類的設備，無論是沖洗身體還是保養用具都會方便很多。亦可進一步設計成不經過玄關，直接從室外淋浴處通往盥洗室或浴室的格局，讓回家後的動線更順暢。多花一些心思讓興趣玩樂更加輕鬆，將有助於大幅提升生活滿意度。

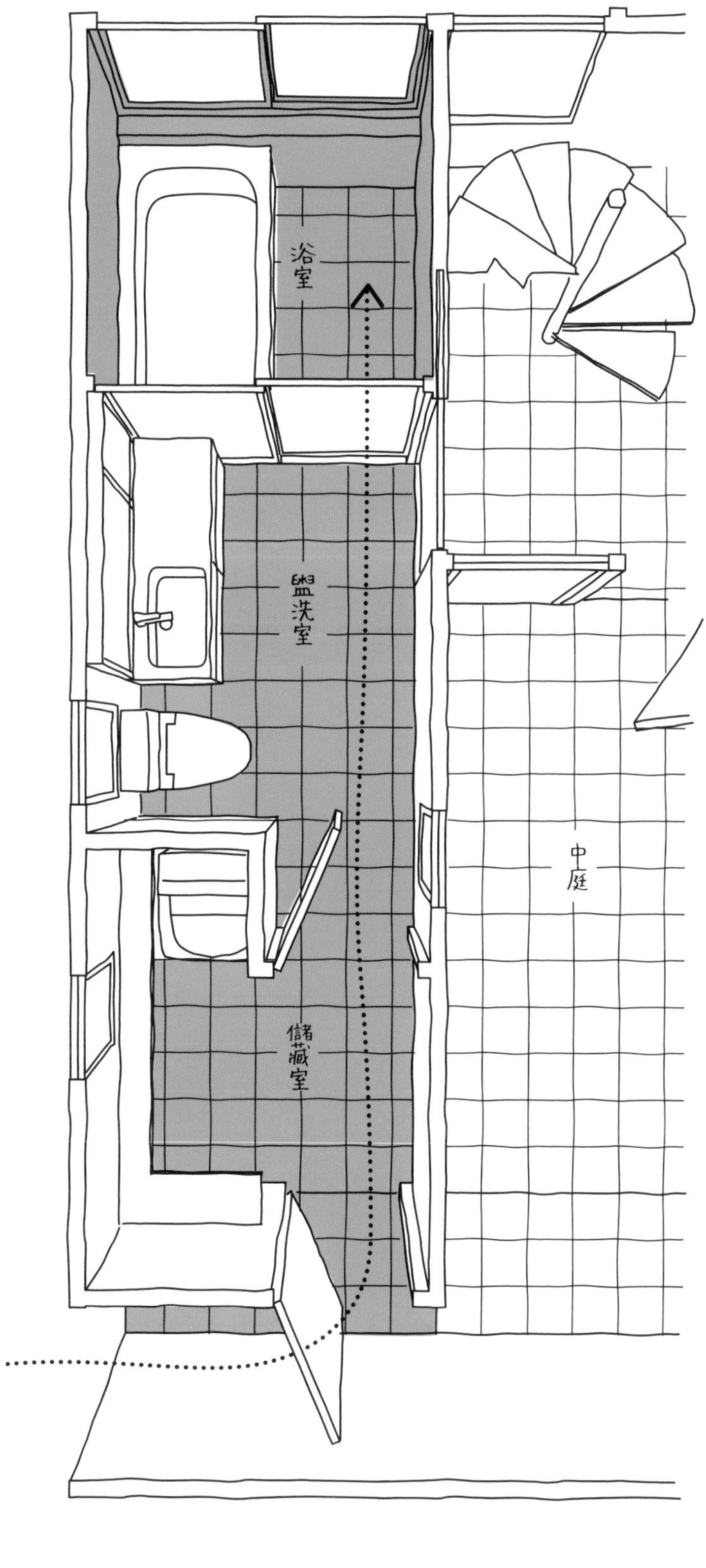

熱愛大海為此量身打造的「衝浪動線」

一家大小都熱愛大海的住宅實例。衝浪之後，先在外頭的淋浴間將砂石沖掉，再直接從儲藏室進入浴室，不經過玄關也能到達室內。衝浪板及防磨衣直接放在儲藏室即可，洗衣機也在這裡，無論清洗、整理一點都不麻煩。

和室空間

傳統的榻榻米和室，是一個沒有特定使用目的，可以靈活運用的地方。從突然登門的訪客到生活型態變化，都能調整對應的便利空間。

傳統和室是「多功能室的極致」

可以兼具茶室、客房及臥室等各式各樣多種用途的和室，可說是日本特有的多功能室。但如今卻成為偶爾有客人來過夜時才會使用的場所。

想要避免這種情況，就要留意別讓和室成為一個封閉的房間，而是處於部分與其他空間連結的半開

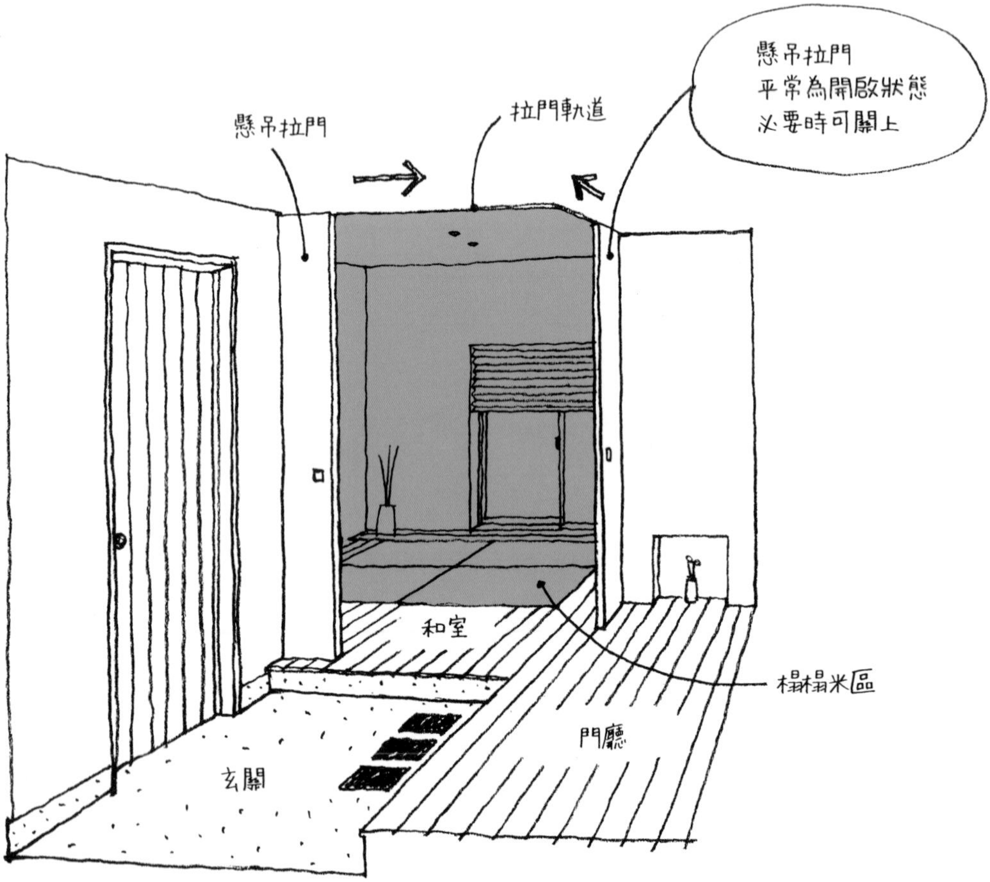

稍微架高與門廳相通的和室

與門廳相通的開放式和室。懸吊拉門的設計使和室少了門檻，與門廳地板直接相連，讓空間宛如一體。平常是開放連接的狀態，必要時可將拉門關上，形成獨立空間。

放狀態，將和室作為日常使用的居家空間。與客廳相通的例子，可成為隨時悠閒躺臥休息的場所。與玄關及開放空間連結，則可作為欣賞四季更迭之美的地方。

與其他空間相連的和室，不像獨立和室那樣封閉，通風良好使得裝潢材質不會因受潮而損壞，亦是優點之一。

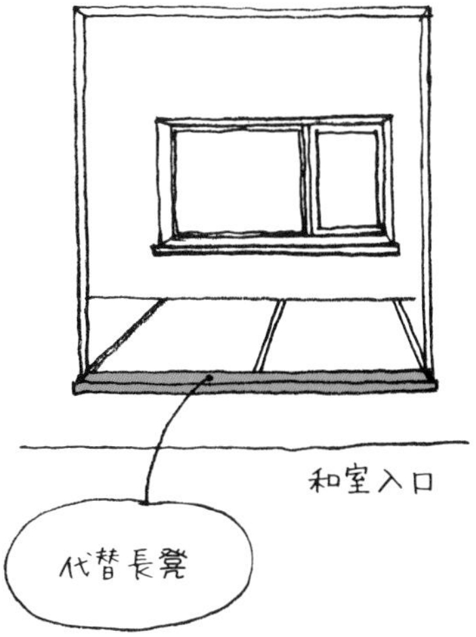

設置於客廳一角的小巧榻榻米空間

在公共空間的客廳旁，規劃一間約2坪半的和室。鋪設榻榻米的和室地板特意架高，舉辦家庭派對時，榻榻米可以代替長凳。只要將門口的百褶簾降下，就是一個獨立空間。

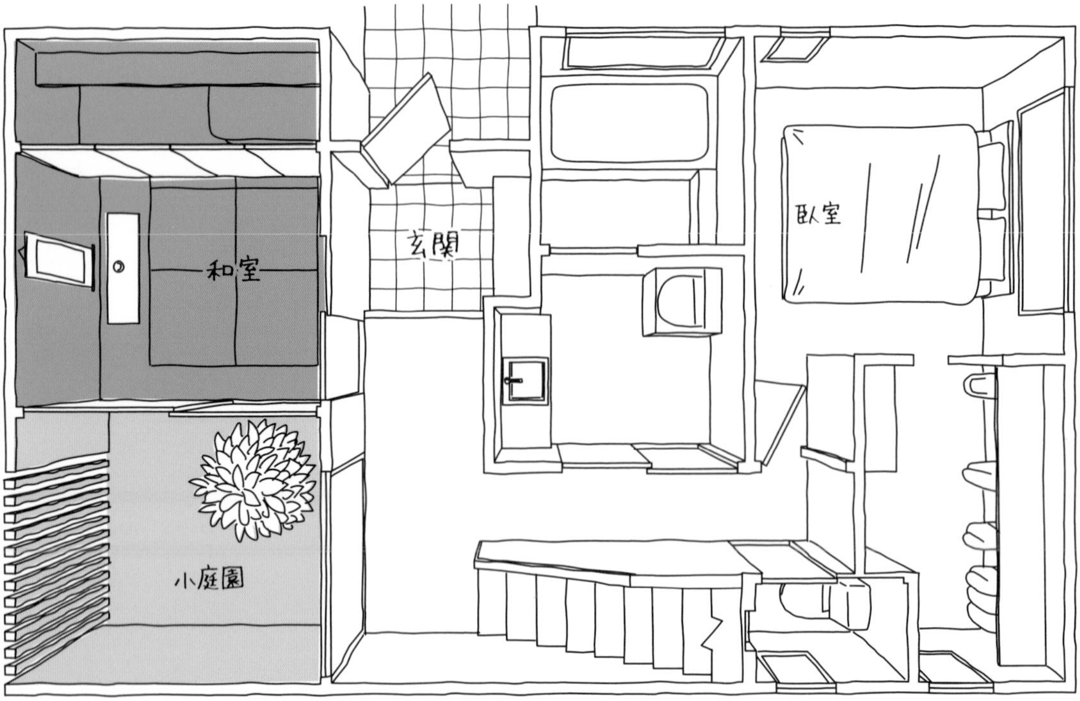

玄關旁的和室亦適合作為客房

與屋主使用的臥室隔著玄關門廳，保有獨立性的和室讓客人可以放鬆休息，不用顧慮是否打擾他人。與小庭園相連的格局，坐擁綠意盎然的窗景，能在此度過愜意的時光。

獨立的和室非常適合作為客房！

經常有父母、親戚來訪過夜的家庭，大多會提出要求，希望家裡能有一間客人專用的和室。這種情況下，若和室設置在距離客廳．餐廳．廚房等公共區域稍遠的位置，使其保有「獨立性」，客人便能輕鬆自在的住下。鄰近處就有衛生間方便盥洗，則是再好不過。

對家庭成員而言，家中擁有這樣一個獨立空間，便能享受旅行般的度假風情。待在熱鬧的客餐廳與家人聚聚也不錯，不過偶爾也想一個人靜靜的品茗或小酌一杯……這時就前去和室，享受暫時遠離日常的可貴時光吧！

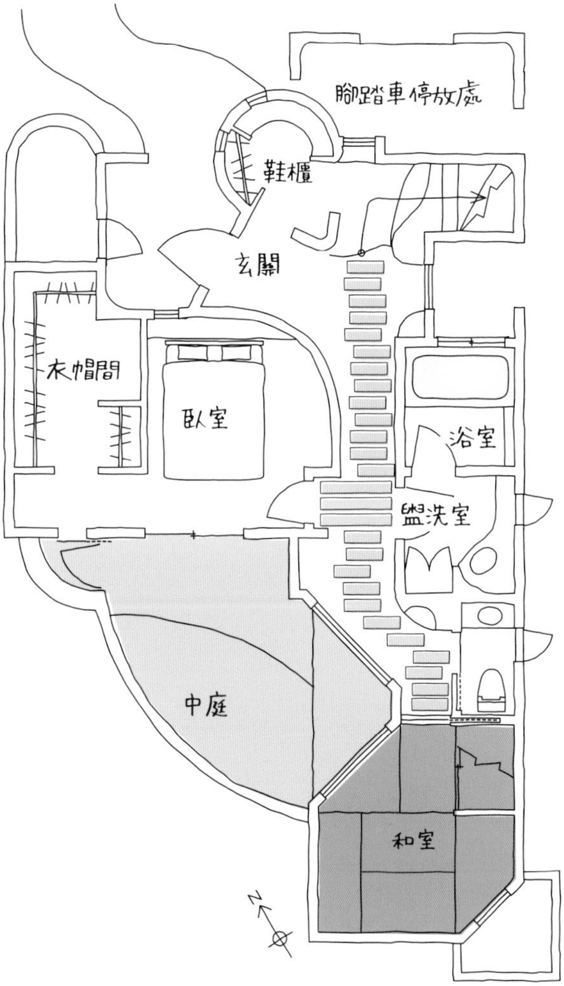

讓走道成為具有小巷風情的居家亮點

沿著仿造石板風格的走道前進，一間獨立的和室緩緩映入眼簾。彷彿置身溫泉旅館的療癒格局值得細細品味。和室中朝向中庭的部分鋪著木地板，呈現簷廊般的氛圍。

依據預定用途或坪數設計和室空間

以壁龕代替床之間的現代風和室

活用壁龕作為花藝或工藝器皿的展示空間，打造出現代風床之間的設計案例。牆面刷塗了加入稻草的珪藻土。在簡樸材質與俐落直線的對比下，更加突顯擺飾小物的存在感。

「想要一個方便孩子午睡或摺疊衣物的空間」、「希望擁有一個讓客人過夜的獨立房間」之類，為了因應這些需求，於是提出設置一間小型和室的屋主並不少。對於這種坪數不大的小巧和室，推薦設置懸空壁櫃，向前延伸的地板讓人即便身處狹小空間，也不會有壓迫感。另一種減少封閉感的方法，則是將部分牆面改用格柵，而非四面皆牆的格局。

自古以來，和室就是品味日本季節意趣的場所。配合新年、女兒節及賞月等節慶活動，隨之換上應景布置，展現四季風情，為居家生活帶來豐富心靈的空間。坪數若有餘裕，不妨將床之間也加進設計中，讓和室更貼近原有樣貌。只要在花瓶裡插上一枝時令花卉，亦自成一幅畫。

不失機能性的小小和室

占地僅1.5坪的榻榻米和室，懸空壁櫃的設計避免帶來壓迫感或狹窄體感。平時可將壁櫃下方的空間作為展示台，客人在此過夜時，則是方便放置行李的場所。

PART 4

為了打造安心舒適的居家環境，必須考量的要素。

隔熱性

節能已成為目前居家設計的一個重要課題，而隔熱性則是節能最基本的概念，更進一步來認識隔熱性能帶來的影響吧！

節能住宅的基本 從提升隔熱性開始著手

依聯合國氣候變化綱要公約第21屆締約國大會（COP21）「巴黎協定」規定，全球須在本世紀下半葉實現溫室氣體淨零排放的目標。為此，各個家庭也必須更積極地參與節能減碳計畫。提升住宅的隔熱性與氣密性，將能量損失減至最少的「高氣密・高隔熱住宅」也變得不可或缺。空調這類的電器設備，也必須選擇高節能的省電機種。至於住宅的節能性，可參考長期優良住宅（請參照P188）認定標準所使用的「隔熱等性能等級4」，此等級具有優良的隔熱性與氣密性。

建物整體使用隔熱材包覆 針對開口部採取適度因應措施

為了提升住宅的隔熱性，在屋頂、外牆及地板加入隔熱材質，將整個房屋包覆起來，盡可能維持一致的室溫是最重要的一點。日本常用的隔熱材料是玻璃棉，缺點是不耐濕氣。以往玻璃棉常因牆面潮濕而滑落至底部，導致隔熱效果變差。最近則是會在外牆建材與隔熱材之間設置通風間層，改善這樣的問題。設置通風間層是基本中的基本。為了防止室內濕氣跑進牆內，必須在隔熱材內側貼上氣密條。

另外，開口部常有熱氣流動，因此不妨選用雙層玻璃窗。雙層玻璃窗有玻璃間距6mm與12mm兩種，推薦選用隔熱效果佳的12mm。窗框則是挑選含隔熱材等不易結露的類型。還有一種鍍上特殊金屬的LOW-E雙層玻璃，近來也開始普遍使用，主要分為兩種類型，一種是防止太陽熱能進入室內，兼具抗西曬效果的遮熱型；另一種是吸收太陽熱能，不讓房裡的暖氣散到室外的隔熱型。日本關東以西一般採用遮熱型，東北以北則用隔熱型。

玄關大門也挑選具隔熱效果的類型吧！以設計感為優先，訂作的玄關門不具隔熱效果時，可在門廳與客廳之間加一道門，防止熱氣進出客廳。

屋頂換氣工法

在屋頂內側鋪設隔熱層的工法，最好採用可以緩和陽光直射，並讓熱氣釋放出去的換氣工法。

❶ 屋頂

在天花板內側鋪設一層隔熱材，並且在天花板與屋頂之間的小閣樓設置一個換氣孔，讓囤積於室內的熱氣釋放出去。或者如左圖所示，在屋頂鋪設隔熱層。近年流行挑空式的斜角天花板，因此採用後者隔熱方式的住宅也越來越多。

❷ 開口部

門窗等大型開口部，是熱氣最主要的出入口。除了可藉由雙層玻璃、雙層窗框及LOW-E玻璃來提升隔熱效率，窗簾及紙拉窗也有不錯的效果。

綠窗簾（夏天）

在陽光格外強烈的夏天，讓植物沿著陽台攀爬至屋簷，如此形成的綠窗簾最適合用來遮陽了。絲瓜、苦瓜及牽牛花這類爬藤植物的葉子不僅能阻擋陽光，當水分從葉子表面蒸發時，還會因為汽化熱帶來降溫的效果。

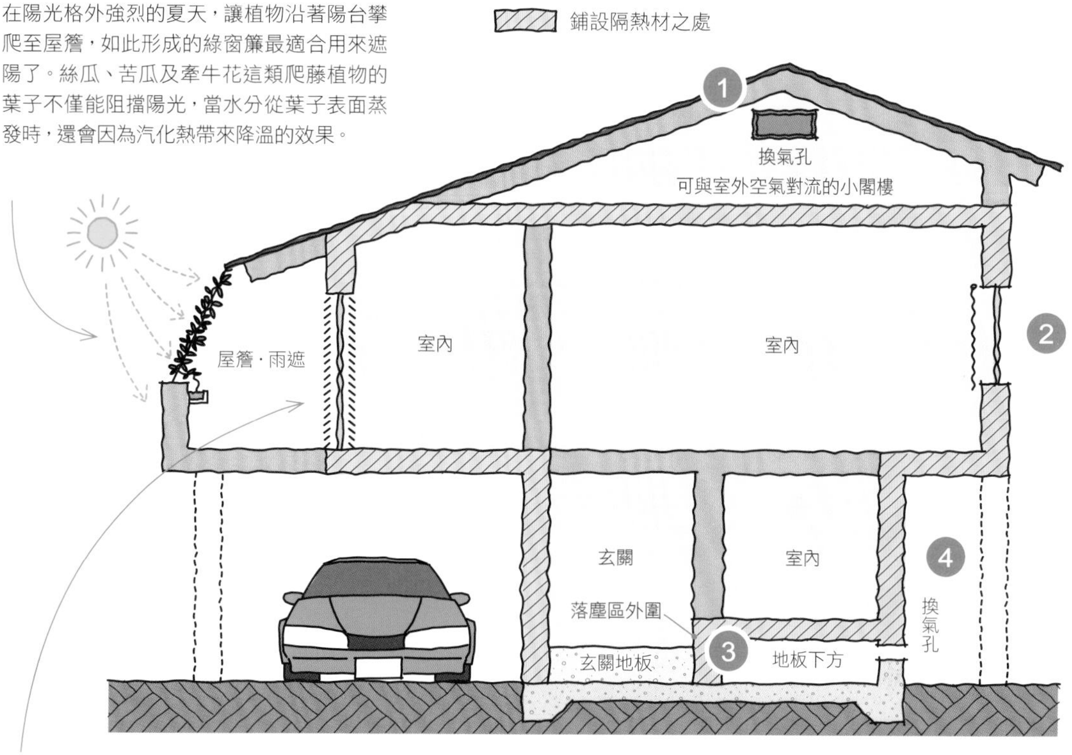

開口部的遮陽措施

除了提升玻璃的隔熱性能之外，還可藉由屋簷或雨遮來遮擋夏季陽光。未具備屋簷的方形住宅外觀，可在窗戶上方裝設小型雨遮。加裝竹簾或百葉窗，亦可有效遮擋西曬陽光。

❸ 地板

在地板下方設置換氣孔，並且將地板下方視為外部空間，在室內地板的正下方鋪設隔熱材。

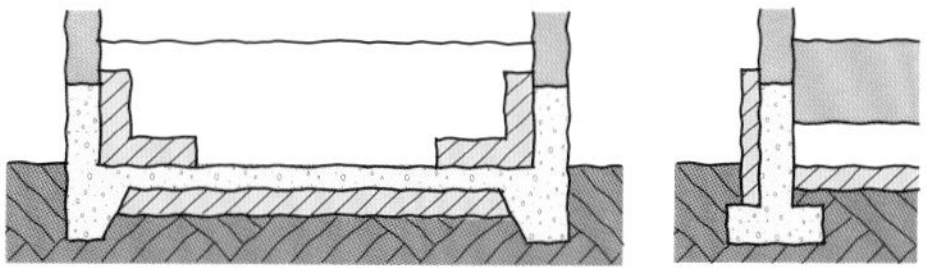

上方左圖是將地板下方視為室內，在基礎建材外圍鋪設隔熱材。另外還有如右圖所示的基礎隔熱法。

❹ 外牆

大致上分為內部隔熱法與外部隔熱法，內部隔熱法是將玻璃棉這類的隔熱材，填充於兩根柱子之間的牆內；外部隔熱法則是在牆壁外側貼上隔熱板。為了防止牆內結露，以及緩和室外空氣對室內的影響，要在隔熱層外側設置通風間層，室內側則設置防潮層（防潮膠膜）。

節能&創能

除了致力於節能，積極投入創能亦成為主流作法。一起來瞭解節能住宅的未來趨勢吧！

建築物&機器設備全方位的節能減碳

日 本政府在一九九九年修訂的《次世代節能基準》，主要是針對建築物的隔熱性能來作評定。有鑑於能源議題不斷浮上檯面，為此於二〇一三年重新頒布《平成25年基準》，以「一次能源消耗量」（參照P188）為指標，將評定範圍修改為涵蓋設備的整體住宅節能性。節能性的評定項目有「冷暖氣」、「換氣」、「熱水器」及「照明」。要點列舉如下：

【冷暖氣】藉由變頻式熱泵器的調節達到最佳省電效果。

【換氣】換氣時可以讓室內保持恆溫的熱交換型節能效果佳。

【熱水器】消耗最少熱能的熱水器，例如「ECO-JOZU」、「EcoCute」等商品。

【照明】使用LED燈泡。

此外，透過太陽能發電的「創能推動方案」也深獲好評。二〇二〇年開始，所有的新建建築物都必須符合此節能基準的規範。

未來住宅的趨勢——創能與蓄能！

今 後的住宅不僅需要具備減少能源消耗的「節能」效果，利用太陽能發電（參照P188），積極取得能源的「創能」作法也是未來趨勢。除了利用太陽能發電之外，還有一種方式是利用瓦斯提取氫氣，注入家用燃料電池「ENE-FARM」來進行發電。由於發電的同時兼具熱水功能，可將熱水運用於地暖設備。目前太陽能發電與「ENE-FARM」的導入價格均大幅下降，預估未來仍有可能進一步調降。

將產出的能源儲存於家用蓄電池中，由創能到「蓄能」的未來已經指日可待。以往價格不斐的家用蓄電池，近來已有調降的趨勢，未來價格或許會更親民。

透過「HEMS」充分利用儲存起來的能源，這種住宅稱為「智慧型住宅」。「HEMS」是「Home Energy Management System」的縮寫，意指家庭能源管理系統，不但可以透過監控螢幕讓電力及瓦斯使用量「可視化」，還能自動控管家用電器的使用狀況，達到節能減碳的效果。以能源產出量與消耗量相減所得的數值為零的節能目標稱作「ZEH」（參照P189），近來也備受矚目。

❶ LED照明

LED照明具有低耗電，壽命長的優點，近來因大幅降價而日漸普及。擁有豐富多樣的亮度及顏色，可依房間型態挑選。

❷ 太陽能發電

有效利用太陽能，將其轉換為電能供居家使用。多餘電力可儲存於蓄電池，或回售給電力公司。

❸ 高隔熱

在外牆、屋頂及地板鋪設隔熱材，盡量讓室溫保持一致。窗戶選用雙層玻璃窗，防止熱氣進出。

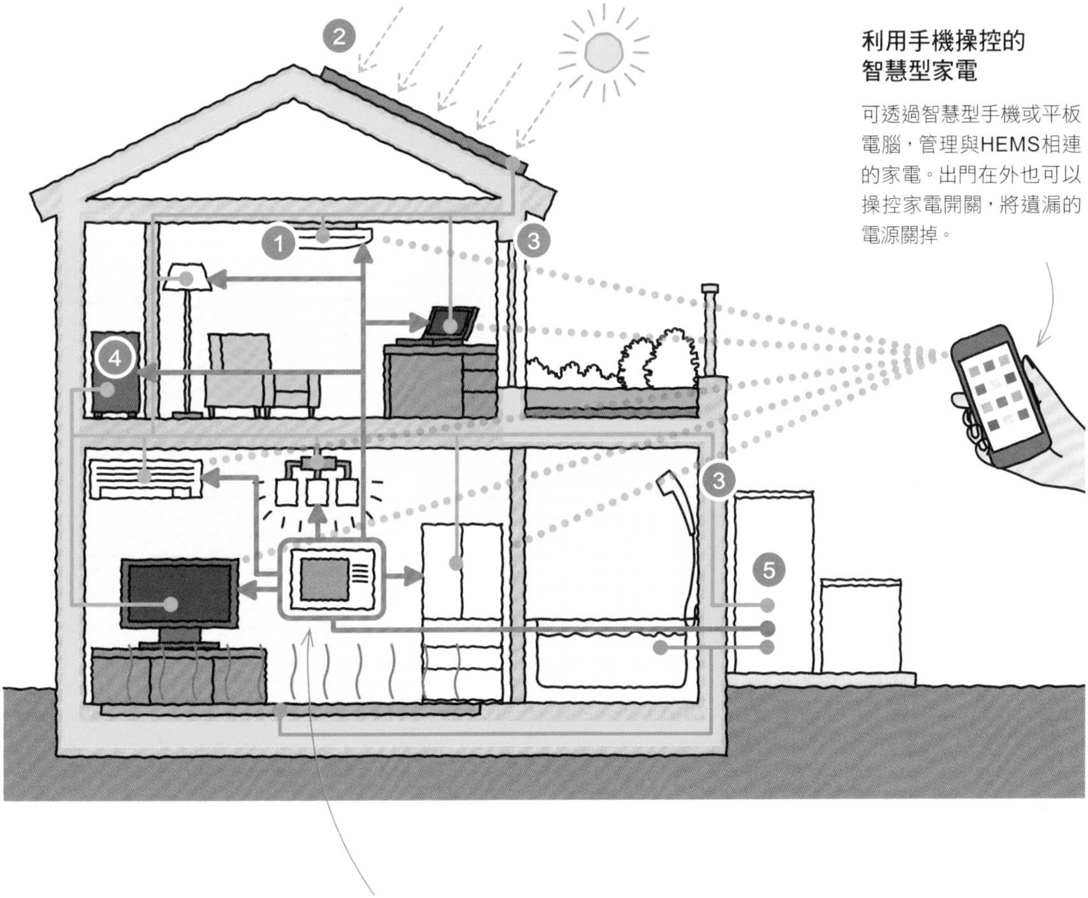

利用手機操控的智慧型家電

可透過智慧型手機或平板電腦，管理與HEMS相連的家電。出門在外也可以操控家電開關，將遺漏的電源關掉。

❹ 家用蓄電池

將太陽能發電的多餘電力儲存於蓄電池，遇到下雨天或停電時，便可以使用自家住宅儲存的電力。或是利用深夜的低價電力充電，儲存起來供白天使用，再將太陽能發電產出的電力回售給電力公司。

HEMS的可視化&家電管理

透過監控螢幕讓電力及瓦斯使用量一目瞭然，還可以藉由HEMS系統自動操控家電。電力開放回售後，用電支出便可壓至最低。

❺ 家庭用燃料電池（ENE-FARM）

藉由瓦斯的化學反應進行發電，可供應熱水。亦可結合太陽能發電，增加的電能產量還能回售給電力公司（只有太陽能發電產出的電能可以回售給電力公司）。部分高效能熱水系統會以瓦斯或電能為熱能供應來源（不能發電）。

綠住宅

透過新型設備節能當然重要，但適應日本風土氣候，蘊含許多生活智慧的傳統住宅也值得關注。

傳統日式房屋的節能效果也相當顯著

談到節能住宅，我們往往關注像P174～175中的高科技住宅，其實傳統的「低科技」住宅也蘊含許多節能效果顯著的生活智慧，可以落實的方法都積極地採用吧！

前院＆外簷廊

在住家南側種植落葉喬木，夏天時藉由葉子的蒸散作用降低溫度，使人感到涼爽。冬天葉子掉落，溫暖的陽光可以直接灑進室內。若是擁有外簷廊的住家，夏天傍晚便能在此乘涼，冬天可在此享受日光浴。

雨水集水箱

利用集水箱儲存流進雨水槽的水，再運用於澆灌庭院植栽。照片中的水箱容量高達227公升，結構雖然簡單，但節水效果顯著。挑選單純低調的顏色便不會破壞整體外觀。

屋頂綠化

在屋頂鋪設約10cm厚的土壤，在上面種植草皮的例子。將屋頂加以綠化，便能藉由植物與土壤阻擋太陽的輻射熱能進入室內，稍微舒緩二樓起居室及小閣樓過熱的情形。屋頂有承重問題，因此必須計算屋頂結構的載重能力，並作好防水措施。

例如熱氣主要進出口的窗戶，只要在上方設有屋簷或雨遮，夏天便可以遮擋從高處照射下來的陽光。為了防止西曬，最簡單的方法是在西側的窗戶外側掛上竹簾。此外，還可以在窗戶內側安裝紙拉窗，到了冬天便會發揮很好的隔熱效果。

在住宅南側的前院種植植栽，可以舒緩夏天悶溼的酷熱。若家中設有傳統日式房屋裡常見的外簷廊，傍晚便能在外簷廊乘涼，格外詩情畫意。亦可在北側安裝日式房屋裡同樣常見的地窗（裝設在牆壁下緣的窗戶），並且同時在南側安裝氣窗，到了夏天，涼風便會從地窗吹進來，再從高處的氣窗流出，良好的對流會讓整個房間都涼爽無比。

屋簷&雨遮

在南側設置屋簷，可以遮擋夏天從高處直射下來的陽光，也能讓冬天的和煦陽光灑進室內。最近有許多住家採用無屋簷設計的方形外觀，這時不妨在南側的窗戶上方裝設一塊小雨遮。

棚架

在南側的陽台或露台上搭設棚架，種植奇異果這類冬天落葉的藤蔓植物，便能遮擋夏日的直射陽光。水分從葉子表面蒸散時會消耗汽化熱，因此能讓周遭的溫度下降。

「耐用持久」的優質綠住宅

除了著重節能設備及節能措施，依據生態學的觀點，切記「建造一間短期內不須重建的住宅」。請記住，堅固耐用的住宅無須經常拆除重建，廢棄物也會隨之減少，是環保行動中重要的一環。

具體來說，看不到的鋼骨結構等必須牢固。包括家族構成的生活習慣，其實意外的飛快變化著，因此隔間最好採用可彈性變更的設計，調整起來才能更加靈活方便。

耐震性

為了預防隨時都可能發生的大地震，
建造新房時，結構設計必須具有足夠的耐震性。
挑選土地時也要特別留意。

挑選安全的土地最重要 地盤勘察也不可少

為了建造具備高耐震功能的房子，首先必須選擇堅固的地盤。即便強化了建築物的耐震能力，如果建築物本身位於軟弱地盤，就無法稱作高耐震住宅了。

為了鑑定土地是否安全，一般必須先進行地盤勘察，不過購買前的土地大多無法進行調查，因此可向政府機關申請調閱地盤或土地液化等相關資料來參考。即使地盤堅固，仍有土壤液化的潛在風險，因此必須特別留意。

過去流傳這樣的說法：「只要地名為『○○台』就表示安全」、「挖土是安全的；填土是危險的」，其實這些觀念並不正確。為了避免危險的發生，施工前請務必進行地盤勘察。

地盤勘察結束後，再依據勘查結果構築穩固的基礎。一般建物基礎有「連續基腳」與「筏式基礎」這兩種類型（請參照P179），能夠以大面積支撐建物的筏式基礎最近有增多的趨勢。地盤勘察的結果沒什麼問題的情況，採用筏式基礎建造就不須進行地盤補強。地下深處如有堅硬岩層，可透過地盤補強或打地樁的方式讓基礎更穩固。

考量耐震性來設計隔間 必要時須進行結構計算

建造高耐震性住宅時，首先必須決定要抵抗多強的地震。構造等級1是一般基準，同時也是建築基準法中最基本的基準。最理想的等級3，能夠抵擋「比數百年發生一次的強震還大1．5倍威力的超級強震」，並且達到不倒塌、不塌陷的程度。不過若是含有挑空設計的建築，耐震能力就會打折扣。想要兼具設計感與耐震性，不妨以等級2為基準。

高耐震功能的房子，其平面接近正方形，具耐震能力的承重牆均勻分布於內部。即便二層建築沒有強制規定須進行結構計算，但如果建物形狀極端細長、呈L型等不規則形、具有大型挑空或室內車庫等設計，還是計算一下較有保障。此外，就算房子採用高耐震設計，施工品質不良依然會導致賠了夫人又折兵的情況。因此記得向業者確認是否有按圖施工，以及是否有人在施工現場監督。

A 接合部的緊結

建造木造房屋時，特別要在基礎與底座&柱子、柱子與梁的接合部用五金或榫頭緊結，以避免脫落。

❶ 陽台

深度較寬時，前端必須設置柱子來支撐，作為補強。

❷ 屋頂

與地板一樣，具有固定建築物水平方向的作用，會在天花板設置斜撐，以強化屋頂結構。

斜撐

為了避免木造地板及屋頂結構因地震或颱風產生的水平力導致變形，會在結構轉角處設置所謂的斜撐。

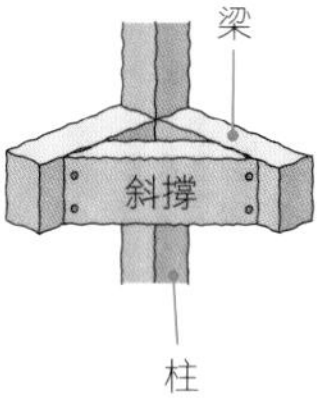

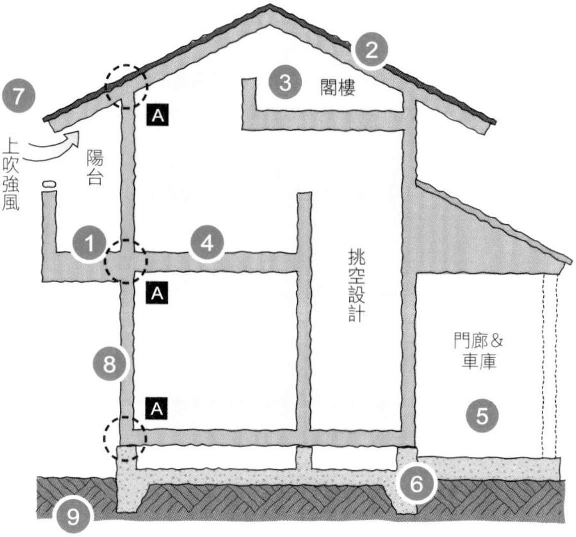

❸ 閣樓

面積大的閣樓會造成建築結構的負擔，因此必須增設承重牆。

❼ 屋簷

遇到側風強勁的颱風天時，屋簷有可能被強風吹起，因此必須作好補強措施，以因應強風的吹襲。

❹ 地板（樓上）

設置剛度高（堅固）的地板，避免建築物因地震或強風導致水平變形。讓地板或斜撐均勻分布，尤其要避免讓挑空設計或樓梯這種上下樓層呈透空的部分過於集中。

❽ 牆壁

將承重牆均勻設置於結構體，避免建築物因地震或強風而倒塌或損壞。

對角斜撐

在柱子與柱子之間架上對角斜撐，避免結構體因受水平力衝擊導致變形。

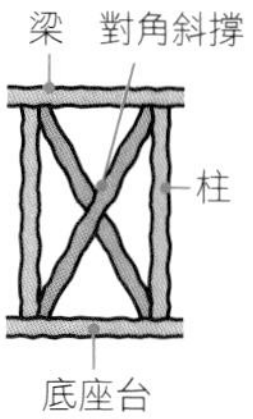

覆面板材承重牆

主要藉由覆面板材強化結構體的承載力。

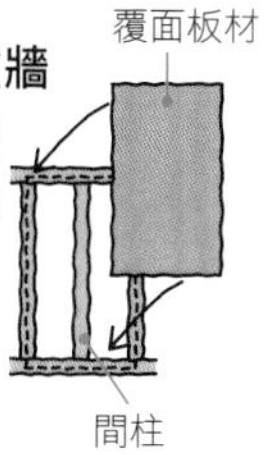

橫木

固定於兩根柱子之間的水平木材，結構堅韌，可防止建築物倒塌。

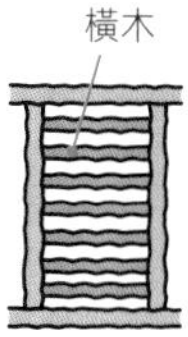

❺ 門廊&車庫

往往成為結構體弱點的空間，因此需要透過柱子或牆壁來補強。

❾ 地盤

地盤勘察後，必要時需進行地盤補強。若地盤狀況不佳，建築物可能會下陷、傾斜，地震時甚至會發生土壤液化，造成更大的災情。

❶表層改良：在施工現場常會發現表層軟弱的地盤，可將水泥粉與軟弱部分的土壤混合。

❷柱狀改良：如果軟弱地盤達5m左右深，則將混有水泥的柱狀土壤打入地底。

❸支撐樁：將支撐樁打至堅硬地盤（支撐層）。鋼管支撐樁常用於住宅。

❹堅硬地盤較深時，藉由樁身的摩擦力支撐建築物。

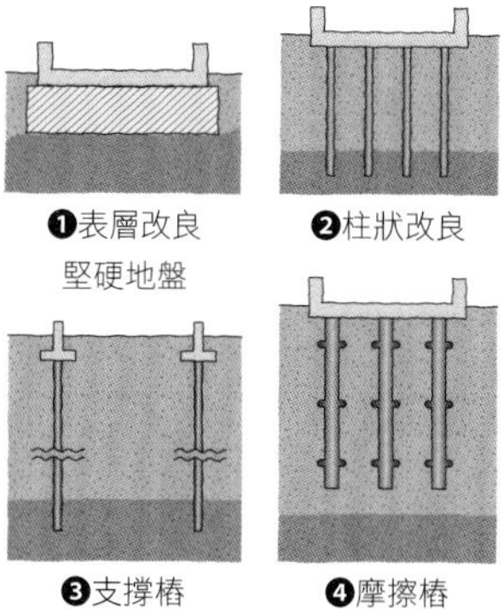

❻ 基礎

視地盤狀況及建築物形狀選擇適用的基礎形狀，並按照混凝土強度或鋼筋厚度&間距等規格進行施工。

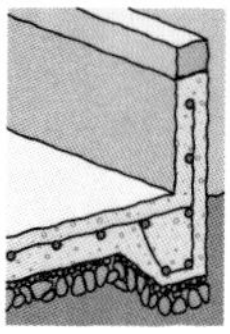

筏式基礎

除了立起的基礎部分，還結合了整面的鋼筋混凝土底板或牆體構成。

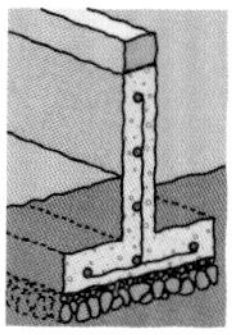

連續基腳

由倒T字型截面的鋼筋混凝土接連而成的基礎。

隔音

除了阻隔外來的聲音，住宅裡發出的生活音其實也會令人介意。為了營造一個舒適的室內環境，隔音措施勢必少不了。

高隔熱&高氣密的住宅同時也兼具隔音性能

對於噪音特別敏感，但是住家又位於主幹道旁或機場附近之類的地方，建造房屋時就必須作好隔音措施。聲音最容易從開口部傳進來，因此不妨採用氣密性高、不易振動的隔音窗，取代一般的雙層玻璃窗。氣密性高，表示可以防止聲音從縫隙之間傳進來。

然而，除非該區域噪音問題特別嚴重，否則採用P172～173這類隔熱性&氣密性高的住宅設計即可。結構原理與隔熱相同，使得聲音不容易從室外傳進來，也不容易從室內傳出去。不像上下樓層，或隔壁住著鄰居的大廈及公寓那樣需要高隔音效果，獨棟住宅只要符合長期優良住宅（P188）認定基準中採用的「隔熱等性能等級4」，便可同時擁有一定水準的隔音效果。

加高天花板夾層有效減輕對樓下的影響噪音

雙世代住宅難免會出現兒童房位於祖父母臥室上方之類的情況，如欲減輕對樓下噪音的影響，就必須加高樓下天花板夾層的空間，如此一來，樓上的聲音就不容易傳到樓下。

此外，為了突顯天然素材質感，因而不作天花板，裸露二樓地板下方木梁的設計，容易讓噪音傳至樓下影響他人，因此不適合對室內噪音敏感的人。

廁所與客餐廳相連時可利用隔熱材加強隔音

身處用餐或休閒空間一定不想聽到來自廁所的聲音，因此針對格局得精心規劃。不讓廁所門朝著客餐廳，馬桶也不要設置在客餐廳附近，顧慮來訪客人的感受是必要的。

萬一馬桶離客餐廳很近，可在客餐廳與廁所之間的牆內填入隔熱材，加強隔音效果。使用10cm厚的16K或24K高密度玻璃棉，就有相當不錯的效果。牆壁厚度多為10.5～12cm，剛好可以將玻璃棉填入。

另外還可以利用牆壁的基底材——石膏板，藉由雙層石膏板防止廁所的聲音傳至客餐廳。

❶ 排風扇或換氣孔

聲音會從與外部連結的開口處傳進傳出，因此不直接在牆上鑽孔，可在天花板安裝排風扇，藉由風管換氣，或選擇有蓋的排風扇或換氣孔，不用時關閉蓋子。

❷ 隔音室等空間

視聽室之類會發出大聲音量的房間，其隔音措施有：

・裝潢材質選用容易吸收聲音的材質（吸音）。
・使用隔音門或隔音窗，避免讓聲音從開口部傳出去。
・將玻璃棉填入牆內以獲得較佳的隔音效果。

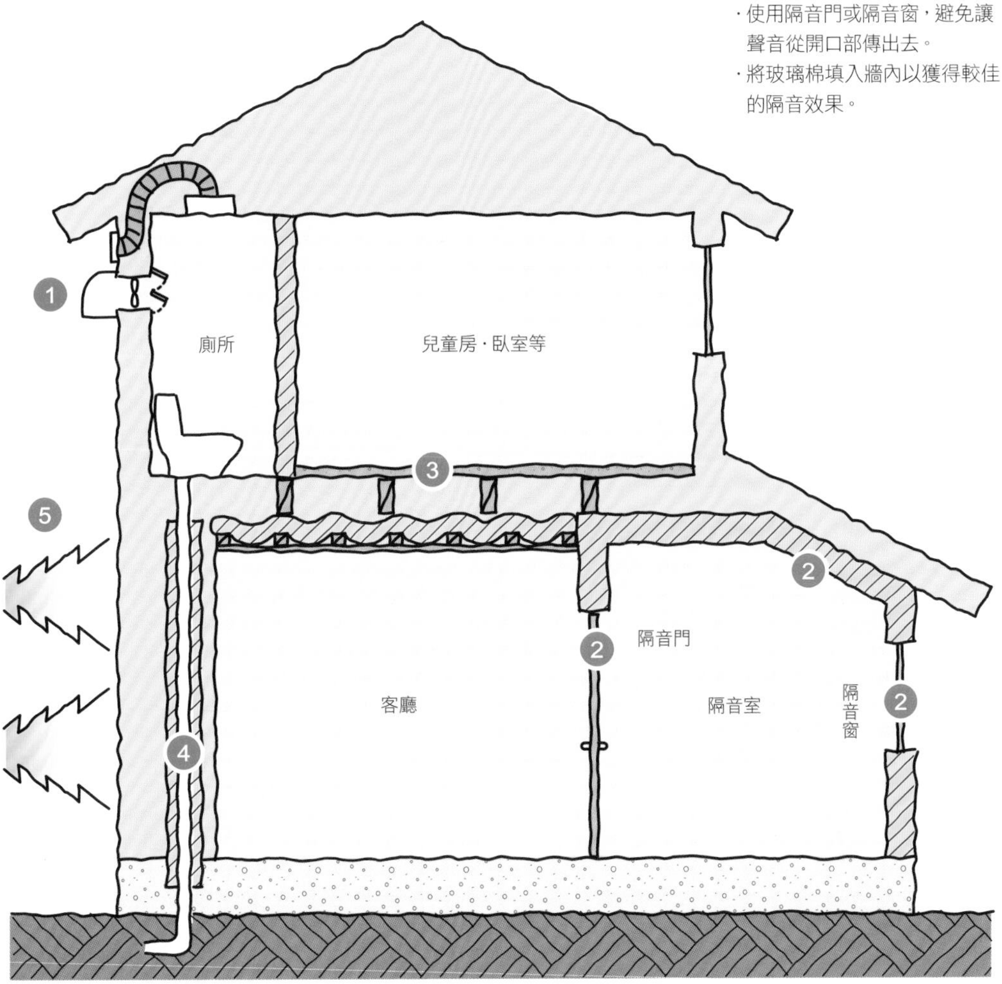

❸ 上下樓層的隔音措施

（雙世代住宅或兒童房等）

・上下樓板採用軟木等柔軟材質。
・將隔音板或緩衝材（橡膠、石膏板等）鋪於樓板下方。
・在天花板鋪上玻璃棉。
・避免讓支撐二樓地板的橫木直接碰到一樓的天花板材。

❹ 廁所等生活聲音

・規劃格局時，不讓廁所位於臥室或起居室上方。
・在有排水管的管道間填入玻璃棉。
・在廁所與相鄰房間之間的隔間牆填入玻璃棉。

❺ 外部噪音

・一般外來的噪音，只要建物基本性能佳，就可以解決大部分的噪音問題，例如結構體穩固、裝有強效氣密窗，以及外牆施以隔熱材等。
・鐵路、幹道及飛機等特殊噪音，必須採取下列措施才能有效解決噪音問題，例如安裝隔音窗、防止聲音從排風扇或進氣孔進來，以及強化牆壁的隔音效果等。

防音

別忘了作好排風扇及配水管的隔音

在廚房或廁所牆壁直接鑽孔設置壁掛式排風扇，聲音就容易從排風扇傳進傳出。建議改換成安裝在天花板的多翼式送風機，藉由風管排氣，就無須擔心隔音問題。

設置在二樓的衛浴設施，正下方如為起居室或臥室，便會聽到配水管發出的聲音，因此須留意上下樓層房間格局的規劃。雙世代住宅上下樓層的衛浴，最好設計在同一個位置上。亦可將配管設置在室外，保養維修都會比較容易，不過要留意設置的位置，以不破壞外觀設計為原則。

著重隔音室牆面的厚度&重量裝設隔音門、窗亦是有效手段

平時就會發出巨大聲響的住家，也要顧慮到鄰居，作好隔音措施。基本上，隔音室的牆壁越厚越好，例如牆面採用雙層石膏板的方式。同時也要增加牆壁的重量以提高隔音性能。除了石膏板外，還有一些特殊的隔音材，如鉛及高密度石膏板。亦可在聲音容易傳出的開口部裝設隔音窗與隔音門。在格局規劃上，不要將臥室安排在隔音室的上下樓。

還有一種兼具音響效果的組合式隔音室，適合需要彈奏鋼琴或樂器的人使用。將隔音室設置在地下室也是一種方法，成本高但效果優。

病住宅

隨著住宅氣密性的提升，病住宅問題也相繼浮現。瞭解一下病住宅的相關法規及主要的因應對策吧！

病住宅的因應對策在於建材挑選與室內換氣

家中使用的建材、家具，甚至整體環境含有對人體有害的化學物質，造成身體不適，這樣的住宅就稱為病住宅。為了防治病住宅的產生，建築標準法規範了含甲醛建材的使用限制。甲醛釋放量在日本分為四個等級，現在多數含甲醛的建材為F☆☆☆☆（F4星），釋放量達最小值，不過還是會釋放出少量的甲醛。此外，近年來的住宅著重節能環保，氣密性高，導致化學物質容易滯留於室內，因此須要經常換氣。依建築標準法之規定，使用F☆☆☆☆建材必須設有換氣設備，室內每小時換氣0．5次，24小時常時換氣。盡量使用原木或土石等天然建材，可以減少一些病住宅方面的顧慮，還兼具空氣淨化的效果。不過像石膏或珪藻土這類雖是天然材質，部分卻含有溶劑方便塗抹，對化學物質過敏的人同樣要多加留意。

耐久性

既然要建造新屋，就要讓住宅可以久住。建造堅固耐用的屋舍，其重要性當然不用說，如何保養維護也不能忽視。

耐久性的強化以及維護的方便性是未來住宅必須重視的課題

減少二氧化碳的排放，邁向「低碳社會」已是當務之急，在如此大環境下，強化住宅的耐久性，減少重建所產生的建築廢棄物也是重要的課題。

日本政府推動的「長期優質住宅」（請參照P188），以建造屋齡超過一百年的住宅為目標，建築物壽命一旦拉長，水管等設備也需要定期保養，因此未來建造新房時，必須擬定保養維護計畫。

依照長期優質住宅的規定，強化住宅耐久性主要由下列三個項目著手。

【預防建物結構體的劣化】實施防腐＆防蟻處理，結構體、閣樓及地板下方經常保持通風。為了方便日後配管檢查，在小閣樓與地板下方設置檢查孔。架高地板下方的空間，以方便配管檢查及提升通風效果。

【設備保養維護計畫】方便配水管檢查、維修及更換（將原本埋在基礎內部或下方的配管移至基礎上方，便於維修保養）。

【住宅履歷的製作】擬定一份保養維護計劃書，並且將實際完成的項目記錄於履歷中。若是不留下紀錄，後代便難以管理。當房屋要出售或出租時，這些客觀性的資料在資產管理上就具有重要的價值。

作好防潮措施防止白蟻入侵及預防發霉

白蟻及黴菌會讓住宅的使用壽命縮短，因此防潮措施極為重要。讓地板下方保持通風，去除白蟻喜歡的濕氣。此外，一般除了底座之外，離地1m以內的外牆結構體都必須經過防腐＆防白蟻藥劑處理。若筏式基礎上方的底座採用扁柏或羅漢柏這類防止白蟻出沒的樹種，藥劑處理就不是必須的措施了。

結露是引起發霉的原因，因此作好隔熱措施，以及讓結構體保持通風，便能防止結露的產生，同時兼具防霉效果（P172）。為了防止衛浴空間發霉，換氣及通風是相當重要的一環。

至於收納櫃該如何防霉？櫃子拉門可採用表面具有許多小孔的沖孔板，或在櫃子內側貼上除濕劑。

防盜

想要打造一個令人安心的居家環境，維護家人的人身安全，以及守護家財的防盜措施至關重要。可以先跟家人討論一下必需的防盜性能。

因應家庭型態及生活習慣規劃最符合需求的防盜措施

一般常見的情形是先生較不在意防盜性能，而太太和女兒希望作好防盜措施，在防盜方面的觀念往往有些落差，因此記得與設計師及家人一起討論，需要什麼程度的防盜性能。

因應家庭型態及生活習慣進行規劃也很重要。自動上鎖的玄關大門，可能會發生因為一時忘了帶鑰匙，於是晚上出門補習的孩子被鎖在外面的情況。指紋認證門鎖到了乾燥寒冷的冬天，讀取的精準度會有所下降，年長者即使用手指觸碰也打不開，於是門鎖只好經常處於解鎖的狀態。孩子經常獨自看家、先生長期外派異地工作，以及家裡只有年長者的家庭，還是提升住宅的防盜效能較有保障。

防盜措施選擇眾多可依住家周遭環境規劃按實際需求商討即可

選擇通透型圍牆或陽台欄杆並降低圍欄高度，也是一種防盜措施。雖然在房子四周建築高牆也能防盜，然而當小偷一旦進入圍牆內，高牆只會擋住外來的視線，讓外面的人看不到小偷，形成視覺上的死角，這樣只會讓小偷更容易入侵至屋內。上述方式在人來人往的地區具有某種程度的效果，但相對地，住宅四周若是一覽無遺的空曠處，反而容易成為小偷鎖定的目標。為了保護隱私，避免偷窺狂得逞，反而要採用可遮擋視線的圍牆，效果較佳。

防盜措施會隨周遭環境或犯罪類型而有所調整。下一頁為一般防盜措施的實例，請參考後再規劃出最符合需求的方式。

強化開口部性能&安裝保全能有效防盜

為了提升防盜效果，開口部原則上應採用具有雙重鎖功能的品項。市售的玄關門鎖大多具有防撬功能，若再加上雙重鎖會更有保障。

窗戶盡量挑選帶有窗鉤的類型，並且在窗框上方或下方加裝防盜輔助鎖。一樓的窗戶則是建議裝上百葉窗，或是可依需求裝卸的雨戶（設置在門、窗最外層的木板或鋁板）。

必要時也可以考慮委託保全公司。只要將保全公司的貼紙貼在玄關或窗戶上，就可以達到防盜效果。此外，小偷一入侵就會亮起來的感應照明燈也具有防盜效果。保全公司的費用因合約內容而異，一般住宅一個月的花費大約在七千至一萬日幣左右。

❶ 陽台

・採通透設計，可運用格狀柵欄。
・讓小偷無法沿著雨水管或欄杆攀爬至陽台的結構。

❷ 窗戶視野不佳

・設置防盜窗。

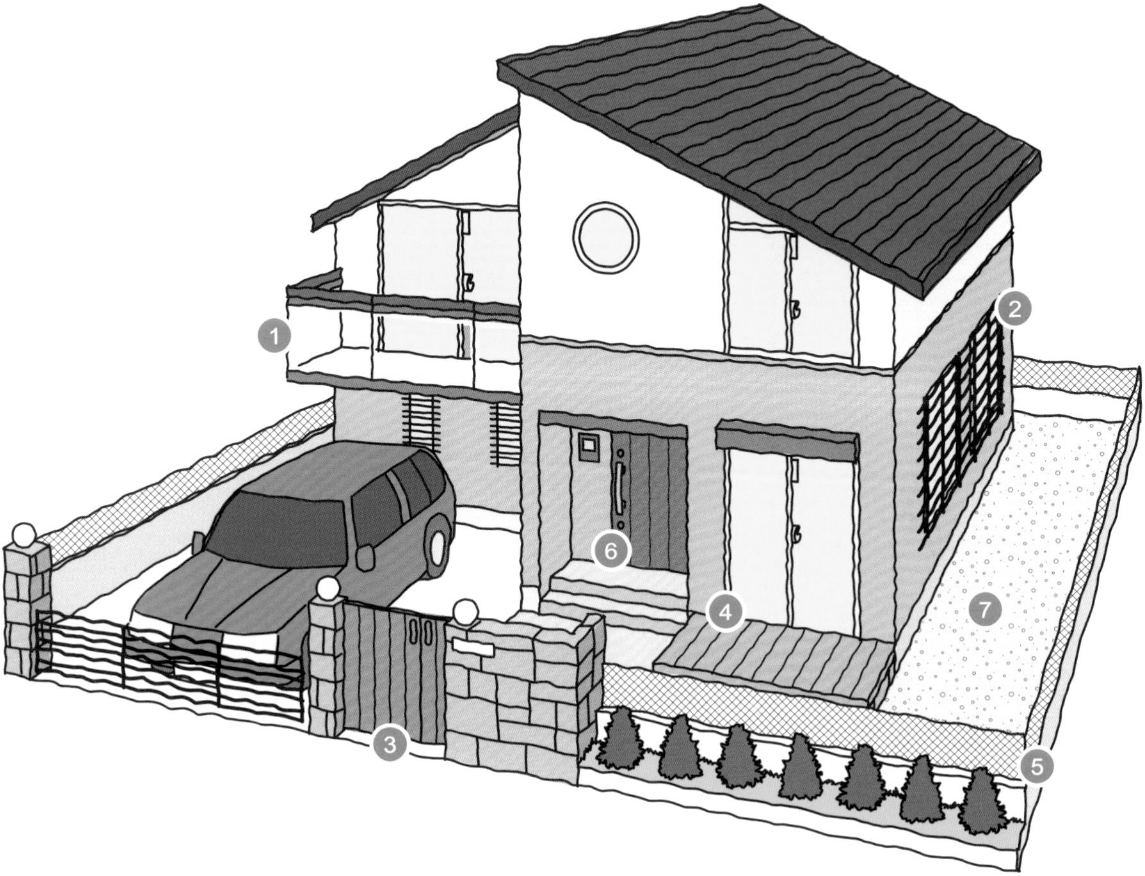

❸ 門

・從外面不易翻牆而入的設計。
・安裝門鎖。

❹ 落地窗

・從路上看得一清二楚。
・使用防盜膠合玻璃。
・安裝窗鉤&輔助鎖。
・安裝百葉窗或雨戶。

❺ 圍牆・柵欄・籬笆

・採通透設計。
・壓低高度，避免成為通往二樓的踏板。

❻ 關・後門等出入口

・從路上看得一清二楚。
・大門挑選不易被破壞的材質。
・大門鑰匙使用防撬、防被旋轉開的鎖頭。
・一扇門裝設兩道鎖。
・採光玻璃窗就算被打破，小偷的手也伸不進來。
・安裝門鏈及不能拆下的門孔。
・裝設監視器或影像對講機。

❼ 庭院・室外

・鋪上碎石子，有人走過就會發出聲響。
・定期修剪植物，保持庭院的通透視線。
・不要在窗戶附近放置任何可當踏板的東西。

通用設計

住宅的壽命既然越長越好，那麼也要將未來生活的便利性一併列入規劃重點，打造一個無論是小孩還是年長者皆感安心的居家環境。

建房時就要放眼未來生活著重居家安全

依據生態學的觀點，政府推動民間建造使用年限可超過一百年的住宅，假設30至40歲之間擁有自己的房子，就會有越來越多人一輩子住在自建住宅中。有鑑於每個人都會漸漸老去，出現行動不便的時期，因此，建造新房時記得著重居家安全，並且讓某些地方有彈性改造的空間。

家中設有無障礙空間，便可以安心邀請父母或祖父母前來家裡作客。此外，只要將「無關年齡或性別，任何人都方便使用」的通用設計融入居家建設藍圖中，小朋友也能安心居住。

・各空間的要點

玄關：寬度要85㎝以上。近來住宅多採防潮措施，有不少人傾向將地板架高，因此記得預留足夠的空間，方便未來增設坡道。還要記得裝上扶手板。

房間入口：裝設拉門，並且讓地面保持平坦無落差。

衛浴：廁所與走道平行，採用拉門，讓輪椅也能自由進出。將浴室・盥洗室・廁所整合在一起，讓衛浴空間更加寬敞，方便輪椅進出。

建造新房時預留將來裝設電梯的空間

記得預留一個將來可以裝設電梯的空間。例如採用挑空設計，並讓上下樓層的壁櫥位於同一個位置上。一個日式壁櫥的大小約182㎝×91㎝，電梯空間可以大於一個壁櫥。是要讓坐輪椅的人獨自搭電梯，還是有照護者陪同，電梯所需空間會隨照護方式而改變，因此可以考慮要採取哪一個方案來進行規劃。新房的客廳・餐廳・廚房設計在二樓時，同樣要將裝設電梯的空間考量進去。另外，亦可選擇裝設階梯式輪椅升降機，但是安裝軌道前，必須強化該處壁面。

選擇安全性高的機器設備預防室內溫差對人體的影響

廚房瓦斯爐最好選擇附安全裝置，旋鈕大，點火關火一目瞭然的類型。

冬天從溫暖的房間來到低溫的走道，容易引起熱休克，因此也要作好預防措施。高隔熱住宅的室溫不會有太大變化，不過還是要盡量避免將浴室與廁所安排在經過寒冷走道的動線上。

有小朋友的家庭，家中拉門或折疊門的邊角要改成圓角，預防小朋友的手指被夾到。不要讓樓梯間或挑空空間的鐵欄杆縫隙過大，建議採用可以防止兒童掉落的設計。

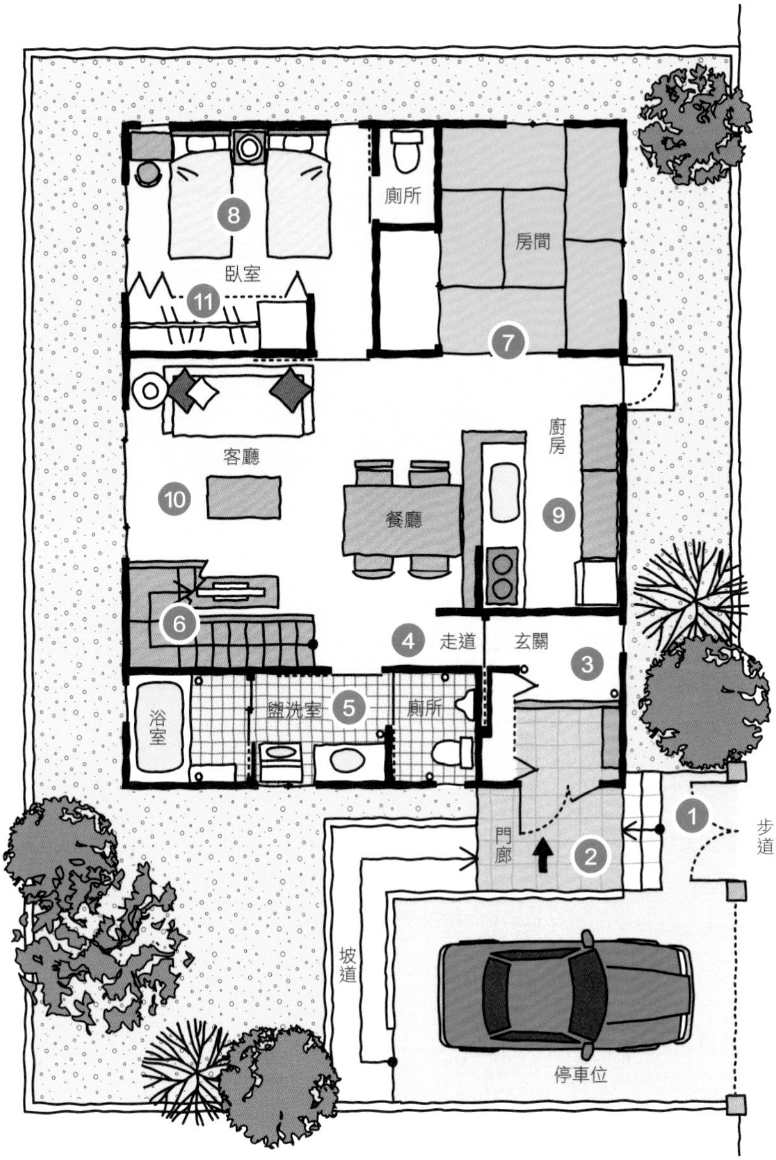

❶ 步道

・由道路通往門廊的坡道、扶手。

❷門廊

・有雨遮，不會被雨淋。
・解決停車位與玄關門高低差的問題。

❸玄關

・扶手、凳子。
・設有坡道，空間寬敞。

❹ 走道

・輪椅可以通行的寬度。（80cm以上）

❺ 衛浴（廁所、盥洗室、浴室）

・不會引起熱休克的溫暖環境。
・無高低差、欄杆。
・防滑地板。
・未來可以通行輪椅的格局。

❻ 樓梯

・坡度和緩、扶手。
・盡量不呈一直線。
・地腳燈。

❼ 出入口

・盡量用拉門。
・無高低差。

❽ 臥室

・將廁所設置於臥室旁。
・照明開關在床頭邊。

❾ 廚房

・有安全裝置的瓦斯爐。

❿ 客廳・餐廳

・可調節亮度的燈具（上了年紀視力開始退化，容易覺得視野變暗。相反地，白內障則是一般亮度就會感到刺眼）。

⓫ 收納

・讓上下樓層的壁櫥位於同一個位置，預留一個將來裝設家用電梯的空間（電梯有各種尺寸，不妨依需求挑選合適的類型）。

低碳住宅

有鑑於東日本大地震後引發的能源議題，日本政府於2012年12月起實施《低碳住宅認證制度》，旨在達成低碳化城市（抑制二氧化碳排放量）的目標。為了取得此項認證，首先住宅必須符合節能基準（平成25年基準，以下同），一次能源消耗量也要比節能基準低10%，還須結合高效能熱水器、太陽能發電、節水設備、住宅劣化對策、屋頂・牆面綠化等措施。取得認證後，可放寬容積率，在稅金及房屋貸款利率方面也可享有優惠（截至2016年1月止）。

長期優良住宅

一般多在屋齡屆滿30年左右考慮重建，有鑑於此，日本政府重新修訂房屋使用壽命，並以「建造長壽優質住宅，抑制拆除所產生的廢棄物，進而降低環境負擔，減少國民改建支出」為目的，於2009年頒布了《長期優良住宅法》。為了取得認證，必須符合劣化對策、耐震性、節能效益等項目中規定的等級，經認證後，即為機能健全，舒適耐用的住宅。在稅金及房屋貸款利率方面可享有優惠（截至2016年1月止）。

一次能源消耗量

「一次能源」是從自然界取得的能源，如化石燃料、核燃料、水力及太陽能。透過轉換、加工，由一次能源取得的電能、煤油及瓦斯稱為「二次能源」，二次能源廣泛使用於住宅中。每種二次能源的計量單位都不同，可將不同單位的二次能源換算為同一單位的「一次能源消耗量」，便可得知建築物的能源總消耗量。睽違13年修訂的節能基準（平成25年基準）便採用這種方式來鑑定包含設備的居家整體節能性。

太陽能發電

太陽能發電是一種將「陽光」轉換成電能的系統，並非藉由太陽「熱能」轉換而成，屬於不排放二氧化碳的潔淨能源。將20㎡左右的太陽能面板鋪設於朝南的屋頂上，其發電量約三千瓦，大概是市區3至4人家庭的使用量。以這個發電量為例，預估在冬季以外的晴天就會產生多餘的電力，可將多餘電力回售給電力公司。不過售電時得留意電價的波動。三千瓦電力所需的安裝費用約為110萬日幣（截至2016年1月止)。隨著家用蓄電池日益普及，亦有不少家庭將太陽能生產的電能儲存於蓄電池中，等到夜間或下雨天時再輸出使用。

被動式太陽能系統

一套藉由建築物結構、格局及材質特性，讓太陽熱能發揮最大效能的系統。使用的機器更簡單，不像太陽能發電那樣需要太陽能面板等工業產品將其轉換為能源。因此一到冬天就像在作日光浴般，室溫維持在17至18℃左右，適合喜歡遵循自然法則的人使用。「OM Solar」與「Solar System Soyokaze」這兩種都屬於「空氣集熱式太陽能系統」，也就是藉由風扇讓屋頂表面的熱空氣穿過風管，下降至地板下方儲存起來，再從地板出風口送出熱空氣流動於整個室內。

ZEH

「ZEH」是Net Zero Energy House（淨零耗能住宅）的縮寫，住宅每一年透過太陽能發電或家庭用燃料電池取得的一次能源生產量比消耗量多，或相減所得的數值（淨值）為零。能源自給自足的住宅在理論上是可行的，結合節能、創能及HEMS（參照P174）來實現對能源的控管。日本政府自2012年度起發放補助金，預計在2020年達成標準新建住宅零耗能的目標。

CP標章

CP標章（防盜標章）為日本警察廳及相關單位，針對具高效能防盜效果的家用配件所推行的認證標章，凡經檢驗合格的配件上均貼有此標章。貼有此標章的玻璃、窗框、門鎖、隔熱膜、門等家用配件，可持續超過5分鐘抵擋小偷的入侵。5分鐘是小偷的極限，約七成的小偷過了5分鐘還沒辦法闖入便會放棄。堅固的門可防止小偷強行撬鎖，窗框則裝有防盜膠合玻璃，並設置窗鎖以防止整個窗框掉落。榮獲標章的產品目錄請參照下列網站：

http：//www.cp-bohan.jp

免震・制震

地震防範對策中最常見的是「耐震」工法，藉由強化支柱及牆壁，以確保建築物受地震衝擊也不會塌陷。至於「免震（隔震）」工法，則是透過裝設在建築物底層的隔震裝置阻隔地震能量，抑制建築物搖晃。「制震（減震）」工法，是藉由裝設在建築物室內牆壁的減震裝置吸收地震能量，減少建築物搖晃。建商們大都把重點放在研發獨家的「免震」及「制震」工法上。

這兩種工法的優點是不僅能防止建築物的倒塌及損壞，還能減少建築物的搖晃，因此能防止室內家具掉落，或餐具破裂等損失。

建築家 Profile

中村高淑
1968年生於東京都。多摩美術大學美術學院建築系畢業。曾任職於其他建築師事務所，1999年獨立創業，2001年與其他建築師事務所合作共同成立unit-H 中村高淑建築設計事務所。

unit-H 中村高淑建築設計事務所
https://nakamura-takayoshi.com/

大塚泰子
生於1971年。1996年日本大學生產工程學院建築工程碩士畢業後，進入ARTS＋CRAFTS建築研究所工作，參與「小住宅系列」的設計。2003年成立現在的「ノアノア空間工房」設計事務所。

ノアノア空間工房
http://www.noanoa.cc/

中山 薫
1991年曼徹斯特大學建築系畢業，倫敦大學巴特萊特建築學院DIPROMA畢業。曾任職於其他建築師事務所，2002年與盛勝宣先生攜手合作共同成立現在的FISH＋ARCHITECTS一級建築士事務所，2003年開始活躍於業界。

盛 勝宣
1966年生於鹿兒島縣。1990～2002年任職於日本設計。2002年與中山薰小姐攜手合作，共同成立現在的FISH＋ARCHITECTS一級建築士事務所。

FISH＋ARCHITECTS一級建築士事務所
http://www.fish-architects.com/

明野岳司
1961年生於東京都。1988年芝浦工業大學碩士畢業後，任職於磯崎新工作室，2000年成立明野設計室一級建築士事務所。

明野美佐子
1964年生於東京都。1988年芝浦工業大學碩士畢業後，曾任職於小堀住研株式会社（現今的Yamada SxL Home Co., Ltd.）與中央研究所，2000年成立明野設計室一級建築士事務所。

明野設計室一級建築士事務所
http://tm-akeno.com/

小山和子
1955年生於廣島縣。女子美術大學藝術系畢業。1987年成立小山一級建築士事務所，1995年與湧井辰夫先生攜手合作，共同成立現在的PLAN BOX一級建築士事務所。

湧井辰夫
1951年生於東京都。工學院大學專修學校建築系畢業。1995年與小山和子攜手合作，共同成立現在的PLAN BOX一級建築士事務所。

PLAN BOX一級建築士事務所
http://www.mmjp.or.jp/p-box/

宇野健一
1964年生於神奈川縣。1988年早稻田大學理工學院建築系畢業，1990年神戶大學工程學研究所環境規劃系畢業。曾任職於株式　社現代計画研究所，2000年成立現在的Atelier GLOCAL一級建築士事務所。

Atelier GLOCAL一級建築士事務所
https://atelier-glocal.com/

本書建築設計事務所一覧表

アーツ＆クラフツ建築研究所
（小林邸）
明野設計室一級建築士事務所
（H邸、I邸、S邸、T邸、青柳邸、明野邸、木村・石井邸、斎藤邸、清水邸、鈴木邸、田村邸）
ア・シード建築設計事務所
（O邸）
アトリエイハウズ
（M邸、佐賀枝邸）
アトリエグローカル一級建築士事務所
（H邸、M邸）
アトリエSORA
（上田邸、永田邸）
アルクデザイン
（F邸、M邸）
一級建築士事務所かくれんぼ建築設計室
（宮坂邸）
一級建築士事務所 建築実験室水花天空
（山本邸）
イン・エクスデザイン
（三原邸）
KURASU
（宮崎邸）
グリフォスタジオ
（山下邸）
コムハウス
（林田邸）
佐賀・高橋設計室
（S邸、藤本邸）
下田設計東京事務所
（中川邸）
シャルドネ福井
（K邸）
シャルドネホーム
（H邸）
スターディ・スタイル一級建築士事務所
（S邸、浅井邸）
瀬野和広+設計アトリエ
（石橋邸、太田邸）
ダイニングプラス建築設計事務所
（M邸、横山邸）
田中ナオミアトリエ一級建築士事務所
（I邸、O邸、小川邸）
谷田建築設計事務所
（尾崎邸）
ティー・プロダクツ建築設計事務所
（大隅邸）
トトモニ
（本山邸）
長浜信幸建築設計事務所
（K邸）
ネイチャーデコール
大浦比呂志創作デザイン研究所
（喜田邸、福王邸）
ノアノア空間工房
（I邸、M邸、森・朝比奈邸）
萩原健治建築研究所
（萩原邸）
ピーズ・サプライ
（O邸、今井邸）
ファイル
（F邸）
FISH+ARCHITECTS一級建築士事務所
（N邸、秋山邸、松本邸、横田邸）
プラスティカンパニー
（武藤邸）
プランボックス一級建築士事務所
（F邸、H邸、M邸、O邸、S邸、T邸、Y邸、入江邸、岩佐邸、大村邸、小川邸、尾崎邸、原邸、山口邸、山本邸）
ブリックス建築設計
（M邸）
宮地亘設計事務所
（小林邸、徳永邸）
MONO設計工房一級建築士事務所
（H邸、I邸、片岡邸）
山岡建築研究所
（S邸）
山憲工務店
（島田邸）
ユーロJスペース
（中村邸）
unit-H 中村高淑建築設計事務所
（F邸、K邸、O邸、石沢邸、小平邸、高橋邸）
YURI DESIGN
（K邸）
ライトスタッフデザインファクトリー
（Y邸）
ラブデザインホームズ
（M邸）

國家圖書館出版品預行編目資料（CIP）資料

自地自建美好生活宅關鍵指南：9位日本建築師的造屋經驗法則x153個舒適好宅須知 / 主婦之友社編著. - 初版. - 新北市：良品文化館出版：雅書堂文化發行, 2020.09
面；　公分. - (手作良品；93)
ISBN 978-986-7627-27-8(平裝)

1.房屋建築 2.室內設計

441.52　　109011009

手作良品 93

自地自建美好生活宅關鍵指南

9位日本建築師的造屋經驗法則×153個舒適好宅須知

作　　者／主婦之友社◎編著
譯　　者／鄭昀育
發　行　人／詹慶和
選　書　人／蔡麗玲
執行編輯／蔡毓玲
編　　輯／劉蕙寧・黃璟安・陳姿伶
執行美編／周盈汝
美術編輯／陳麗娜・韓欣恬
出　版　者／良品文化館
發　行　者／雅書堂文化事業有限公司
郵政劃撥帳號／18225950
戶　　名／雅書堂文化事業有限公司
地　　址／220新北市板橋區板新路206號3樓
電子信箱／elegant.books@msa.hinet.net
電　　話／（02）8952-4078
傳　　真／（02）8952-4084

2020年09月初版一刷　定價 480元

暮らしやすい家づくりのヒント

經銷／易可數位行銷股份有限公司
地址／新北市新店區寶橋路235巷6弄3號5樓
電話／（02）8911-0825
傳真／（02）8911-0801

日本版Staff

藝術總監・設計／
武田康裕・渡邊えり子（DESIGN CAMP）

插圖／
酒井葵・長岡伸行

攝影／
川隅知明・木奧惠三・坂本道浩・佐佐木幹夫・澤崎信孝・千葉充・宮田知明・山口幸一
主婦之友社攝影課
（黑澤俊宏・佐山裕子・柴田和宣・松木潤）

採訪・撰文／
後藤由里子・杉內玲子

編輯／
加藤登美子

主編／天野隆志（主婦之友社）